◎ 本书为全国教育科学"十二五"规划国家一般项目"大学
　心理因素与基因多态性的共同作用"（编号：BBA140047）

大学生抑郁

关于遗传与环境的思考

胡义秋　著

湖南师范大学出版社

·长沙·

图书在版编目（CIP）数据

大学生抑郁：关于遗传与环境的思考 / 胡义秋著 . --长沙：湖南师范大学出版社，2025.3

ISBN 978-7-5648-4773-9

Ⅰ.①大… Ⅱ.①胡… Ⅲ.①大学生—抑郁—研究 Ⅳ.①B842.6

中国版本图书馆 CIP 数据核字（2022）第 243107 号

大学生抑郁：关于遗传与环境的思考
Daxuesheng Yiyu: Guanyu Yichuan yu Huanjing de Sikao

胡义秋 著

◇出 版 人：吴真文
◇组稿编辑：李 阳
◇责任编辑：李永芳 李 阳
◇责任校对：王 璞
◇出版发行：湖南师范大学出版社
　　　　　　地址/长沙市岳麓区 邮编/410081
　　　　　　电话/0731-88873071 0731-88873070
　　　　　　网址/https：//press. hunnu. edu. cn
◇经销：新华书店
◇印刷：长沙宏发印刷有限公司
◇开本：710 mm×1000 mm 1/16
◇印张：14.5
◇字数：260 千字
◇版次：2025 年 3 月第 1 版
◇印次：2025 年 3 月第 1 次印刷
◇书号：ISBN 978-7-5648-4773-9
◇定价：69.80 元

凡购本书，如有缺页、倒页、脱页，由本社发行部调换。
投稿热线：0731-88872256　微信：ly13975805626　QQ：1349748847

目　录

第一章　问题的提出与研究背景 ……………………………………… (1)

　　第一节　问题的提出 ……………………………………………… (1)

　　第二节　研究背景 ………………………………………………… (2)

第二章　大学生抑郁的病理机制 ……………………………………… (7)

　　第一节　遗传因素对大学生抑郁的影响 ………………………… (7)

　　第二节　社会心理因素对大学生抑郁的影响 …………………… (22)

　　第三节　抑郁的易感模型 ………………………………………… (36)

第三章　大学生抑郁的现状研究 ……………………………………… (50)

　　第一节　调查背景与方法 ………………………………………… (50)

　　第二节　大学生抑郁的现状调查 ………………………………… (57)

第四章　基因多态性对大学生抑郁的影响 …………………………… (62)

　　第一节　调查背景与方法 ………………………………………… (62)

　　第二节　基因多态性对大学生抑郁的影响 ……………………… (82)

第五章　社会心理因素对大学生抑郁的影响机制 …………………… (100)

　　第一节　调查背景与方法 ………………………………………… (100)

　　第二节　社会心理因素对抑郁的影响机制分析 ………………… (116)

第六章 大学生抑郁：基因多态性与社会心理因素的共同作用 ………（136）

　　第一节 基因多态性与社会心理因素对大学生抑郁影响的研究

　　　　　现状 ………………………………………………………（136）

　　第二节 基因多态性与社会心理因素的交互作用对大学生抑郁的

　　　　　影响 ………………………………………………………（147）

第七章 大学生抑郁的应对策略 ……………………………………（173）

　　第一节 遗传应对策略 …………………………………………（173）

　　第二节 家庭应对策略 …………………………………………（183）

　　第三节 学校应对策略 …………………………………………（194）

　　第四节 社会应对策略 …………………………………………（207）

　　第五节 自我应对策略 …………………………………………（214）

参考文献 ……………………………………………………………（222）

后记 …………………………………………………………………（228）

第一章
问题的提出与研究背景

第一节　问题的提出

抑郁是一种常见的且具有弥散性的消极心境状态，其主要表现为心情低落、无精打采、对许多事情都缺乏兴趣，以及产生消极的自我感受和绝对化的思维等，严重的会产生自杀行为。目前，有 $50\%\sim80\%$ 的自杀个案是抑郁患者所为。世界卫生组织报告指出，到 2020 年，抑郁症将成为仅次于心脏病的人类第二大疾病，是导致全球疾病负担的一个重大因素。由此可见，抑郁已经成为 21 世纪的隐形杀手，是 21 世纪影响人类身心健康的主要危险因素，且在正常人群中的发生率呈现不断增长的趋势。

弗洛伊德曾经断言，人类的文明程度越高，遭受的心理压力也会越大。大学生作为社会新技术、新思想的前沿群体，在新的教育体制和就业形势下，比普通群体面临更多的机遇和挑战，同时也承受了更大的心理压力，他们更易遭受抑郁的侵袭。吴洪辉等对 2003 年至 2012 年近十年大学生自评抑郁量表的调查结果进行元分析发现，大学生抑郁情绪呈逐年上升的趋势，且大学生的抑郁水平高于全国常模[①]。抑郁是大学生自杀的首要原因，大学生群体越来越成为抑郁的高发人群。

从 1998—2013 年公开发表的 218 篇中国大学生抑郁症的研究论文来看，

[①]　吴洪辉，廖友国. 近十年大学生自评抑郁量表（SDS）调查结果的元分析 [J]. 宁波大学学报（教育科学版），2013（6）：9-12.

其中理论综述 8 篇，占 3.67%；大学生抑郁症社会心理学和流行病学调查研究 165 篇，占 75.69%；大学生抑郁症治疗方法实验研究 45 篇，占 20.64%。以上数据表明，目前中国大学生抑郁症研究主要采用社会心理学和流行病学的研究方法，研究内容主要集中在大学生抑郁症的患病率和其他因素的相关研究上，研究手段和内容比较单一。如何早期发现大学生抑郁症，寻找抑郁症的致病因素和生物机制，开发抑郁症治疗的新方法和新途径，是摆在心理健康、精神卫生学家面前的重要研究课题。

纵观国内外关于大学生及抑郁症的研究，可以发现在抑郁症的发病机理和治疗方法方面虽然取得了许多有价值的研究成果，但还存在以下不足：

第一，研究对象泛化，缺乏针对性。已有的对抑郁症的研究所涉及的人群广泛，缺乏针对抑郁症高发人群——大学生的抑郁发病机理和治疗方法的研究。

第二，研究视角狭窄，缺乏综合性。已有研究要么从基因遗传学角度来研究抑郁症，要么从社会心理视角来研究抑郁症，缺乏对抑郁症基因遗传因素与社会心理因素的综合研究。

第三，研究内容单一，缺乏整合性。已有研究大多从单一的抑郁症分子遗传学内容或大学生的心理健康现状及应对策略方面来研究，缺乏针对抑郁症大学生的遗传发病机理、社会环境致病因素和应对策略的整合研究。

综上，本研究将基因遗传因素与社会环境心理因素综合起来，研究它们各自与抑郁症易感性的关系，并对基因与社会心理因素的共同作用进行分析，这不仅对于研究其发病机理具有十分重要的意义，而且有利于制定适宜的社会心理预防措施，保护大学生的身心健康。

第二节　研究背景

一、大学生抑郁现状研究

我国大学生抑郁检出率为 20.9%～71.9%。其中，抑郁检出率较高的有苏虹等调查的某军校学员（71.9%）、傅晓荟等调查的广东省大学生

（44.2%）、通拉嘎调查的内蒙古高职生（42.0%）、杜召云等（2009）调查的医学大学生（42.1%）、钟淑芳等调查的公安院校大学生（39.08%）；较低的有柴晓荣调查的武汉长江大学学生（23.8%）、王君等调查的安徽省大学生（21.2%）、席明静调查的河北邢台学院学生（20.9%）、北京团市委和北京市学联（2006）调查的北京地区大学生（23.66%）。分析发现，大学生抑郁检出率有逐年升高的趋势。流调的结果表明，抑郁越来越"偏爱"高学历人群。

国外学者如 Achenbach 的调查表明，女生的抑郁情绪要显著高于男生，其中男生的抑郁情绪体验为 20% 至 35%，女生的抑郁情绪体验为 25% 至 40%[①]。Compas 等的调查表明，青少年的抑郁情绪检出率为 15% 至 40%。Christensson 等的调查表明，大学生的抑郁检出率为 10.2%，其中男性检出率为 5.6%，女性检出率为 10.7%，且女性的抑郁情绪显著高于男性[②]。Chan 的研究表明香港大学生的抑郁检出率为 50%[③]。Wichstrom 的研究表明，青少年抑郁情绪的检出率为 47%，其中，女生的抑郁情绪得分高出男生三分之一[④]。Pietras 等的调查表明，女生的抑郁情绪得分显著高于男生，且教育学专业的学生抑郁情绪的得分要显著高于经济学专业的学生[⑤]。

综上所述，国内外大学生的抑郁情绪检出率比较高，且大部分研究表明女生抑郁情绪检出率要显著高于男生。

目前，用于解释大学生抑郁发生的最佳理论模型之一就是抑郁的易感性—应激模型。抑郁的易感性—应激模型是指个体易感素质与应激水平产生交互

① ACHENBACH T M, MCCONAVGHY S H, HOWELL C T. Child behavioral and emotional problems: implications of cross-informant correlations for situational specificity [J]. Psychological Bulletin, 1989 (101): 213-232.

② CHRISTENSSON A, VAEZ M, DICKMAN P W, et al. Self-reported depression in first-year nursing students in relation to socio-demographic and educational factors: a nationwide cross-sectional study in Sweden [J]. Social psychiatry and psychiatric epidemiology, 2011, 46 (4): 299-310.

③ CHAN D W. Depressive symptoms and depressed mood among Chinese medical students in Hong Kong [J]. Comprehensive psychiatry, 1991, 32 (2): 170-180.

④ WICHSTROM L. The emergence of gender difference in depressed mood during adolescence: the role of intensified gender socialization [J]. Developmental psychology, 1999, 35 (1): 232-245.

⑤ PIETRAS T, WITUSIK A, PANEK M, et al. Intensity of depression in pedagogy students [J]. Polski merkuriusz lekarski: organ polskiego towarzystwa lekarskiego, 2012, 32 (189): 163.

作用从而导致抑郁发生的一种理论模型，它强调了具备不同特质的个体在遭遇应激性生活事件时，其抑郁水平的变化情况。在抑郁的易感性—应激模型中，应激是指个体在面对各种内外环境因素刺激（社会、心理以及生理因素等）时所表现出的全身性非特异性适应反应，而易感性则是一种相对稳定的、个体所固有的特质。近些年的研究将易感性扩展为包括遗传基因、认知、人际、人格以及应对方式等各种生物学与社会心理因素。

二、抑郁的遗传基因研究

家系研究、双生子和寄养子研究证明，遗传因素在抑郁的发病中起一定作用。已有的研究主要从以下几个基因来进行：

5-HT 受体基因：大量实验室及临床药理学研究表明 5-羟色胺（5-hydroxytryptamine，5-HT）功能低下与抑郁症关系密切。谢光荣等（2006）发现，5-HT2A 受体基因 G（-1438）A 多态性基因型 A1/A1 与抑郁症关联；Serretti 等（2008）发现，5-HT1A 受体基因启动子区 C（-1019）G 多态性与氟伏沙明的抗抑郁反应和疗效有关；台湾学者 Chen 等（2011）发现男性患者 5-HT1A 受体基因启动子区 C（-1019）G 多态性与抑郁症患者听觉诱发电位有关。

TPH 基因：色氨酸羟化酶（tryptophan hydroxylase，TPH）是 5-HT 合成反应的限速酶，通过影响 5-HT 系统代谢来调控 5-HT 系统的功能。Sun 等（2005）发现 TPH 基因与抑郁症的发病有关；Zill 等（2004）发现 TPH2 基因 10 个 SNPs 中，1 个和抑郁症相关；Zhang 等（2011）报道了 TPH2 中的功能缺失多态与抑郁症关联，与双相障碍无关联。

Clock 基因：Clock 基因是内源性分子昼夜节律钟的最重要的基因。临床流行病学研究表明，50%～90%的抑郁症患者有睡眠质量问题。而且，普通人群中筛选的主诉为失眠的个体大多被诊断为抑郁症。20 世纪 70 年代，有关睡眠脑电生理的研究首次报道了抑郁症 REM 潜伏期缩短，睡眠剥夺可减轻抑郁症状。由此，决定睡眠的 Clock 基因成为研究抑郁的候选基因。Serretti 等（2005）发现 Clock 基因 3111T/C 会影响抑郁症患者失眠的时间过程；Benedetti 等（2003）提出 Clock 基因多态性在调节双相抑郁障碍的长期再发方面起作用的假说。

三、抑郁症的社会心理因素研究

病因学研究证实，抑郁症的发生与遗传、社会心理因素密切相关。就环境及心理因素而言，学界往往认为人格、生活事件、社会支持及应对方式与抑郁症发病相关。

人格因素是抑郁症的易感因素，研究表明抑郁症的发生具有一定的人格基础。Kendie 等（2006）认为神经质人格倾向是抑郁症患病的强危险预测因子；Ongur（2005）和 Smith（2005）认为，高避害人格特点与早发抑郁及抑郁障碍反复发作有一定关联；Luyten（2006）发现依赖及自责的人格特征与抑郁障碍的严重程度及症状有关，且自责与抑郁障碍的严重程度关联更大；Abela（2000）发现抑郁症患者的高自责与低自尊有关，高依赖与高自尊有关。

生活事件是抑郁症的诱发因素，学界普遍认为抑郁症的发作与生活事件有密切关联。生活事件作为一种常见的心理与社会应激源，也是一种能够对个体的身心健康产生影响的应激源之一，它是指存在于生活中的可以引发个体心理或生理发生强烈变化的生活应激源。目前，关于生活事件的界定，不同的学者有不同的看法，如 Brown 等（1973）认为生活事件是指那些涉及危险、健康状况以及引发生活方式发生重大改变的事件，或是指那些重大的成功与失败的事件，且容易致使大多数个体产生情绪失调的事件；Holmes 等（1966）认为生活事件是指那些预示或要求个体对生活方式做出重大改变的事件；张春兴（1966）指出生活事件是指那些经常发生在生活中的能够引起个体心理或生理发生强烈变化的事件，且需要一定的努力以及调节才能有效应对[①]；Leskela（2004）的研究提示，几乎有 91％的抑郁障碍患者在病前发生过负性生活事件；Harkness（2006）发现重性抑郁障碍患者对应激的敏感性增加，从而使较小的次要应激源也可导致抑郁发作。

社会支持及个体对生活事件的应对方式也与抑郁症的发病相关联，低社会支持和不良应对方式均可使抑郁症的发病危险性增加。Plaisie（2007）发现良好社会支持是抑郁障碍的保护因子，且在男性中的保护作用要大于女性；Holahan（2005）的研究结果发现逃避应对方式有预测抑郁症状发生的

---

① 张春兴. 现代心理学［M］. 上海：上海人民出版社，1996.

作用；Sigmons（2006）的研究也发现抑郁症患者比正常对照组的个体采用更多的消极应对方式。且近年来的研究表明，采用积极应对方式的个体其抑郁水平会降低，反之采用消极应对方式的个体其抑郁水平会增加。Faust 等（2004）的研究还表明积极的应对方式能够减少应激的反应水平，进而降低个体抑郁的发生；张月娟等（2005）的研究发现，应对方式可以直接预测个体抑郁，同时应对方式在生活事件与抑郁间可以发挥中介作用；牛更枫等（2013）的研究结果显示，生活事件可以通过应对方式的中介作用进而对抑郁产生影响①；杨美荣等（2009）通过研究发现，不成熟的应对方式与个体抑郁情绪显著相关。另外，人格特征、认知评价、个体自身的一些因素（如性别、年龄、文化水平、身体素质等）以及社会支持等也与个体的应对方式有紧密联系。

---

① 牛更枫，郝恩河，孙晓军，等．负性生活事件对大学生抑郁的影响：应对方式的中介作用和性别的调节作用 ［J］．中国临床心理学杂志，2013，21（6）：1022-1025.

第二章
大学生抑郁的病理机制

如前所述，抑郁既受遗传因素的影响，又受环境的影响。我们将从遗传与环境两个方面来展开对大学生抑郁的病理机制的研究。

第一节　遗传因素对大学生抑郁的影响

一、遗传因素

遗传因素主要是指基因，基因是遗传学的概念。1926 年，Morgan 率先提出基因是位于染色体上的基本遗传单位，其既是遗传信息的携带者，也是遗传性状的控制者。

（一）遗传的相关概念及特性

1. 相关概念

遗传（heredity）：在生物或物种生产繁衍的过程中，亲代与子代以及子代与子代之间表现出相似的性状，这种相似的性状就是遗传。遗传是亲代的基因传递给子代，其会对子代表现出的性状加以控制并对子代的整个发展过程产生影响。性状是生物表现出来的形态特征（例如，人的单眼皮和双眼皮，人有无酒窝等）、生理特性（例如，植物的抗病性）和行为特点（例如，人的左利手和右利手）等的总称。"龙生龙，凤生凤，老鼠儿子会打洞"这句谚语很好地诠释了遗传这一现象。

变异（variation）：变异和遗传是一对相对的概念，遗传是指亲子之间存在的相似之处，变异则是指亲子之间存在的差异。在繁衍的过程中，亲子与子子之间表现出不同程度的差异，这种亲子与子子之间表现出来的差异就是变异。"龙生九子，九子各异"能深刻地反映这一现象。对于每一种生物来说，遗传是子代对亲代的一种继承，这种继承是相对的，而变异则是子代对亲代的一种"抛弃"，是绝对的。遗传和变异是生物发展的基础。

2. 遗传特性

流动中的遗传信息：1958 年，克里克通过实验提出"中心法则"，认为遗传信息的传递方式是以"DNA→RNA→蛋白质"这样单向的方式进行，而且在这个传递的过程中是不可逆的，他称这一信息传递过程为"中心法则"。这一法则持续十几年之久才被 Temin 等的理论所打破，进而完善了"中心法则"原理。得到完善后的"中心法则"认为其信息传递的方式既可以从 DNA 到 RNA 再到蛋白质，也可以从 RNA 到 DNA 再到 RNA。遗传信息就是以这样的途径将信息传递给下一代新生的子代细胞中[①]。

解译的遗传密码：亲代的遗传信息的传递要通过遗传密码的解译过程才能实现。mRNA 上每三个核苷酸按照一定顺序翻译成蛋白质上多肽链的一个氨基酸，这三个核苷酸被称为密码子或三联体密码。遗传密码的解译过程一般包括四个阶段：均聚物为模板指导多肽蛋白的合成；随机均聚物指导多肽蛋白合成；按照特定顺序的共聚物为模板指导多肽蛋白的合成；核糖体结合技术。

遗传密码的运用：生物中含有的四种核苷酸，按照每个密码子都有三个核苷酸的原理，可组成 64 个密码子，这样就构成了有意义的密码子。在这些密码子或三联体密码中，UAA、UAG、UGA 不表示任何氨基酸，不能与 tRNA 中的反密码子相配对，但它们是终止密码子，能终止因子和终止肽链的合成。此外，遗传密码还具有兼并、通用、摆动、连续、不重叠、起始和终止等特性。

遗传物质的载体——基因：19 世纪 60 年代，瑞士一名青年医学生发现了一种含有大量氮和磷的酸性物质，将其命名为"核酸"，也就是后来所说的 DNA。孟德尔率先提出了遗传因子（基因）假说，并用科学的实验进行验证，认为基因能传递信息和表达性状。后人通过实验验证发现，DNA 和

---

① 张建民. 现代遗传学［M］. 北京：化学工业出版社，2005.

RNA 携带遗传物质，而这些遗传信息的携带者是基因。基因能控制生物性状的表达，进而影响生物体的发展。

（二）基因的相关概念及特性

1. 相关概念

基因（gene）：从遗传学的角度上讲主要是指 DNA，基因是 DNA 中的含有遗传特性的微小片段，它能控制生物性状的表达并影响生物的发展。基因通常位于染色体上，只有少部分基因位于生物的整个细胞之中。从分子生物学的角度上来看，基因则被认为是具有编码功能的多肽蛋白，承载特定的遗传信息，在某种特定的情况下，能指导蛋白质的合成。根据这一描述，每个基因都有相应的编码蛋白来调控"复制—转录—翻译"过程，进而保证亲代的信息传递给子代。

基因组（genome）：指生物体所包含的所有遗传物质或所有基因的整体组成[①]。

基因多态性：由于基因组 DNA 序列不断地发生变异，且发生变异的部分被遗传保留下来，导致了基因组的差异及多态性[②]。例如，一个单核苷酸多态性就可能是 DNA 序列 AAGGCTAA 被改变成 ATGGCTAA。

基因型（genotype）：是指生物内部所有基因组合的总称。在孟德尔遗传实验中，基因型由遗传因子构成，是性状表现的前提条件，是指某一性状的基因型。基因型能控制表现型，特定的表现型是基因型决定的结果。比如 AA 显性纯合子和 aa 隐性纯合子杂交，得到子代 Aa 显性杂合子，其中 AA、Aa 是表示人有酒窝的基因型，aa 是表示无酒窝的基因型，有无酒窝则是表现型。

2. 基因特性

等位基因：等位基因的概念首先由 Bateson 提出，他认为位于一对同源染色体上相同位置的基因或片段或碱基对就叫等位基因[③]。按孟德尔的说法，当某一生物的等位基因是一对完全相同的基因时，则可以认为这一生物的该基因是纯合子，反之则称为杂合子。等位基因能按照自身携带的信息来

---

① 梁前进. 遗传学 ［M］. 北京：科学出版社，2010.

② 王亚萍. 基因多态性的研究方法及其临床应用 ［J］. 临床医学，2003（9）：49-50.

③ 赵寿元，乔守怡. 现代遗传学（第二版）［M］. 北京：高等教育出版社，2008.

编码和生产蛋白质产物，进而控制并决定生物性状的表达。等位基因彼此也具有相互影响的作用，如果等位基因中一个基因的功能或性状的表达能力超过另一个基因，使生物性状的表达呈现出该基因控制的特征，这个功能强或性状表达能力强的基因就为显性基因，另一个则为隐性基因。隐性基因虽然没有表达出来，但是不代表它对生物的生长、发展和繁衍就没有影响，相反，它会以一种我们看不见的形式来影响生物。

复等位基因：遗传学认为同源染色体的相同基因座上存有两个或两个以上的调控同一生物性状的等位基因就叫复等位基因。复等位基因广泛地存在于同一物种的各个个体中，调节和控制同一单位性状在各个个体中的不同表达，促进了遗传的多样性和生物多态性。人类血型的遗传分析能很好地诠释复等位基因在性状内多种差异的遗传，提高了生物的适应性，增加了生物的多样性。

非等位基因：即同源染色体不同位置上的基因。例如，基因型 AAbb×CCdd 进行自由组合，其中的 A 和 b 就是非等位基因。根据孟德尔自由组合定律，两对性状进行杂交结果得到的比例是 9∶3∶3∶1，但是有时并没有得到这一比例[1]。出现这一现象是因为受到基因互作的影响。基因互作指两对或两对以上相对独立的遗传基因间相互作用，共同控制和决定生物性状的一种现象，其主要包括基因的互补作用、累加作用、重叠作用、显性上位作用和隐性上位作用。互补作用是指两种或两种以上相互独立的显性基因，共同控制和决定一种性状的表达和发育，如果其中的一种显性基因缺乏，性状就不能够被表达出来，这种基因也称为互补基因。累加作用是指两种显性基因都存在时，能决定一种性状的表达和发育；当两种基因中单独存在一种显性基因时，则表现出第二种性状；当两种基因的显性基因都不存在时，则表现出第三种性状。重叠作用是指在多对基因共同存在的情况下，只要有显性基因存在就会表达出显性基因控制的性状。显性基因上位作用是指两种及两种以上相对独立的基因共同对同一性状进行控制或作用时，当其中的一种显性基因对另一种显性基因的表达具有遮盖作用，则被遮盖的基因就不能表达，只有上位基因不存在时，才能得到表达和发育。隐性上位作用与显性上

---

① 田相娟.5-HTTLPR 基因、BDNF 基因与母亲教养行为对青少年早期抑郁的影响［D］. 济南：山东师范大学，2017.

位作用一样，当两种或两种以上的基因对生物体的同一性状进行共同控制及作用时，其中一对隐性基因对另一对显性基因具有遮蔽作用，仅当该隐性基因不存在时，另一显性基因控制的性状才能得以表达和发育。正是因为非等位基因的相互作用，才使得生物世界丰富多彩。

二、遗传与抑郁

遗传作为抑郁的一种重要影响因素，一直以来备受专家学者的关注。从现有的研究看来，主要分为两大类：一类主要是考虑单基因对抑郁的影响，另一类主要从多基因共同作用效果的角度来考察基因对抑郁的影响。

（一）单基因对抑郁的影响

分子遗传学和基因工程学的不断发展，为探析基因影响抑郁的机制提供了理论和技术支持，让研究特定基因与抑郁的关系成为可能。在探究单基因对抑郁的作用中，现有研究主要集中在 5-羟色胺系统基因、多巴胺系统基因、神经内分泌系统基因、脑源性神经营养因子基因等方面，并且已取得了较大的进展和瞩目的成就。

1. 5-羟色胺系统基因对抑郁的影响

5-羟色胺系统是一个具有特殊意义的神经递质系统，对人的生理和心理能起到调节作用。5-羟色胺则是存在于脑部中的一种神经递质，又被称为血清素，在抑郁等精神障碍疾病的发病机制、生理机制以及治疗的过程中都具有一定程度的影响。5-羟色胺转运体基因（serotonin transporter gene，5-HTT）位于 17 号染色体长臂 1 区 1 带 1 亚带～1 区 2 带（17q11.1～q12），由 14 个外显子组成，存有多个基因多态性。在 5-HTT 基因启动子区中，这个多态性存有一个重复单元，该重复单元的碱基对是可变数目的串联重复序列，包含有短等位基因 S 和长等位基因 L，构成了 S/S、S/L 与 L/L 基因型。5-HTT 能调节大脑中的 5-羟色胺，是一种具有重要调节作用的蛋白质，存在于突触前膜，能将 5-羟色胺重新回收聚集到突触前的神经末梢内，从而减少了突触间隙里 5-羟色胺的浓度[1]。

---

[1]　SAUL A，TAYLOR B，SIMPSON S，et al. Polymorphism in the serotonin transporter gene polymorphisms (5-HTTLPR) modifies the association between significant life events and depression in people with multiple sclerosis [J]. Multiple sclerosis journal，2019，25（6）：848-855.

5-HTT 基因中 5-HTTLPR 被研究最多，该基因的多态性由两种等位基因控制，即短基因（S）和长基因（L），其中 L 等位基因的转录活性比 S 等位基因的转录活性强，能生产出更多的 5-HTT 蛋白，提高 5-羟色胺的再摄取量[①]。约在 20 世纪 90 年代，人们开始关注 5-HTTLPR 基因对抑郁的影响作用，因此进行了一系列的人或动物实验来考察 5-HTTLPR 基因与抑郁的直接关系。最早提出 5-HTTLPR 基因与抑郁有关的是 Collier，他在 1996 年对来自三个研究中心的 454 名患有单相情感性精神障碍和双相情感性精神障碍的被试同 570 名健康成员进行对照实验，实验结果发现患有情感性精神障碍的实验组成员中，其 S 等位基因的数量显著高于健康对照组成员。继 Collier 之后，越来越多的心理学家和病理学家开始加入 5-HTTLPR 与抑郁的关系研究中。实验方式分为两类，一类是关于动物的实验，另一类是关于人的直接实验，这些实验结果都证明了 5-HTTLPR 与抑郁有着直接的联系，扩大了遗传对抑郁作用的影响力。首先是关于动物的实验研究，有研究用刚出生的幼猴来探索 5-HTTLPR 与情绪的关系，结果发现 L/S 杂合子的幼猴比 L/L 纯合子的幼猴情绪波动大、不易安抚、情绪沮丧频繁等。也有研究用敲除 5-HTT 基因后的老鼠来观察动物是否出现焦虑、不安、抑郁等类似于人类症状的行为特征，结果发现敲除 5-HTT 基因后的老鼠表现出了更多的焦虑，其抑郁特征明显。其次是关于人的直接研究，有学者采用护理人员为研究被试，结果也发现 S/S 纯合子的护理人员更容易抑郁[②]。为了更深入地探析 5-HTTLPR 与抑郁的关系，相关研究开始走向大众化，研究对象不再局限于一定的人群中，普通人群也纳入到了研究的范围之内。在一项以普通人群为研究对象的实验中发现，含有 S 等位基因的个体表现出更多的抑郁特征与症状。并且有些研究在进行元分析后发现，S 等位基因是老年抑郁的易感基因[③]。国内的一些相关研究也发现 5-HTTLPR 基因多态性中的 S/S 基因型和 S 等位基因可能会提高患脑卒中后抑郁的风险。

---

① 郭骁，明庆森，姚树桥. 5-羟色胺转运体基因多态性与抑郁的关系研究进展 [J]. 中国临床心理学杂志，2013，21（4）：532－534.

② 张俊先，陈杰，李新影. 5-HTTLPR 与抑郁相关性的研究动态 [J]. 心理科学，2012，35（1）：7.

③ GAO Z，YUAN H，SUN M，et al. The association of serotonin transporter gene polymorphism and geriatric depression：A meta-analysis [J]. Neuroscience letters，2014，578：148-152.

5-羟色胺 1A 受体（serotonin receptor 1A，5-HTR1A）基因是抑郁的重要候选基因，其位于第五号染色体 q12.3 区中，编码为 5-HTR1A[①]。5-HTR1A 对抑郁的影响机制是由于其活性能够抑制中缝核神经元的放电，降低神经的兴奋性，从而影响 5-羟色胺的合成与释放，降低 5-羟色胺的浓度。5-HTR1A 有多个多态性位点，其中 rs6295 位点能够通过调节双重抑制因子核 DEAF-1 的相关蛋白和 Hes5 的表达，进而干扰突触前膜和后膜中 5-HTR1A 的表达。精神药理学和神经科学方面的研究成果表明 5-羟色胺功能异常与抑郁症的发生存有很大的相关性，同时也有研究发现在抑郁症患者的脑中或抑郁症自杀死亡者的大脑内 5-HTR1A 活性过高或表达过度。根据相关资料表明，rs6295 基因多态性的 C 等位基因与女性经前焦虑有密切的联系，且 C 等位基因的女性个体其焦虑明显高于 GG 基因型的女性个体。在重度抑郁症患者的研究中，也得出了相似的结果，研究发现重度抑郁症患者携带 CC 基因型的概率明显高于健康对照组。由此可见 5-HTR1A 基因 rs6295 多态性的 C 等位基因与抑郁的发生存在着显著的相关性。

5-羟色胺 2A 受体（serotonin receptor 2A，5-HTR2A）基因是抑郁的另一个重要的候选基因，位于第 13 号染色体 13q14～21 区内，编码为 5-HTR2A，到目前为止发现存有 6 种多态性。有研究者发现 5-HTR2A 基因-1438A/G 多态性与重度抑郁障碍有关联，通过将实验组与对照组进行比较发现，在基因型、等位基因以及 A 等位基因携带上存在明显的差异，对照组中的 A 等位基因的频率明显低于实验组。5-羟色胺 2C 受体基因对抑郁也具有一定的作用，也是抑郁的一个重要候选基因。有研究在对 5-羟色胺 2C 受体基因-759C/T 多态性与抑郁关系的研究中发现，5-HTR2C-759C/T 多态性可能与中国汉族女性的脑卒中后抑郁发病有关，实验组女性的 T 等位基因中 CT 基因型和 TT 基因型携带者的抑郁发病率明显高于对照组的女性[②]。也就是说，T 等位基因可能是中国汉族女性患脑卒中后抑郁发病的危险因素。

从上述研究不难看出，5-羟色胺系统基因对抑郁的影响机制大部分是通

---

① 王美萍，张文新，陈欣银. 5-HTR1A 基因 rs6295 多态性与父母教养行为对青少年早期抑郁的交互作用：不同易感性模型的验证 [J]. 心理学报，2015，47（5）：600-610.

② 曹丛，陈光辉，王美萍，等. MAOA 基因与抑郁的关系 [J]. 心理科学进展，2014，22（12）：12.

过调节转运物质、受体，或提高抑制因子的活性来降低 5-羟色胺这种神经递质的水平，以达到对人情绪、睡眠、焦虑等的影响。而情绪波动大、失眠、焦虑等特征刚好与抑郁的特征表现相吻合。因此，5-HTTLPR、5-HTR1A、5-HTR2A、5-HTR2C 等 5-羟色胺系统基因对于抑郁的产生具有重要的影响。

2. 多巴胺系统基因对抑郁的影响

多巴胺是一种儿茶酚胺类物质，化学名称为邻苯二酚乙胺，化学式为 $C_8H_{11}O_2N$。初期，多巴胺被误认为是去甲肾上腺素的前体，直到 Arvid Carlsson 做了一系列研究后才发现，多巴胺不属于去甲肾上腺素的前体，而是在脑中极其重要和活跃的一种神经递质。多巴胺的释放是通过"胞吐"完成的，被释放到突触间隙后的多巴胺经过多巴胺转运体的转运，与多巴胺受体结合。多巴胺在躯体活动、精神情绪活动和内分泌、心血管的调节中起着极其重要的作用，同时有研究发现多巴胺在奖赏路径中扮演着重要的角色作用，而奖赏与抑郁的产生有着密切的相关性[1]。

多巴胺 D2 受体基因又称为 DRD2 基因，其位于第 11 号染色体 11q2.2～2.3 区间内，主要功能是编码多巴胺 D2 受体，是抑郁的重要遗传因素之一，也是候选基因之一，且存有多种多态性[2]。TaqIA（rs1800497）多态性是 DRD2 基因中受关注度最高的一个基因多态性，存有 A1 和 A2 两个等位基因，构成了三种基因型即 A1A1、A1A2、A2A2。有研究发现，与 A2A2 纯合子相比，A1 等位基因或 A1A1、A1A2 基因型的携带者，他们的纹状体与伏隔核突触后膜多巴胺 D2 受体的密度降低了 30%～40%，同时 A2A2、A1A2 和 A1A1 等位基因组的纹状体与伏隔核突触后膜多巴胺 D2 受体的密度逐渐降低，其中 A2/A2 等位基因组的平均值最高，A1/A1 等位基因组的

---

① DAVEY C G, MURAT Y, ALLEN N B. The emergence of depression in adolescence: development of the prefrontal cortex and the representation of reward [J]. Neuroscience and biobehavioral reviews, 2008, 32 (1): 1-19; FORBES E E, DAHI R E. Neural systems of positive affect: relevance to understanding child and adolescent depression [J]. Development and psychopathology, 2005, 17 (3): 827-850.

② 曹丛，陈光辉，王美萍，等．MAOA 基因与抑郁的关系 [J]．心理科学进展，2014，22 (12): 12.

（二）多基因对抑郁的影响

单基因的研究虽然在某种程度上能解释遗传与抑郁之间的一些关系，但是单基因对抑郁的影响仍存在一定的局限性，其不能提供较为全面的遗传信息，很容易将可能的候选基因排除掉；不能很好认识到基因与疾病之间的真实关联，而且其统计学意义往往不是很显著；不能很客观地说明问题。随着基因序列的发展，使其呈现出越来越多的多样性，这种多样性为抑郁的多基因遗传提供了证据。许多人开始对单基因的研究质疑。针对单基因存在的不足和考虑到多基因之间存在互补、累加、重叠、显性上位和隐性上位等作用，双基因与抑郁的关系或多基因与抑郁的关系研究应运而生。

双基因对抑郁的共同作用：在国外一项以成年女性为被试的研究中发现，5-HTTLPR 基因与 BDNF 基因在个体的抑郁中能起到共同的作用，而且若个体既携带 5-HTTLPR S 等位基因的 S/S、S/L 基因型，也携带 BDNF Met 等位基因，则个体患上抑郁的风险会比携带其他等位基因的个体更高。同时另外一个研究则发现含有 5-HTTLPR L/L 基因型和 BDNF Val/Val 基因型的个体比其他个体表现出更多的抑郁症状[①]。在国内的一些研究中也发现类似的情况，比如在一项关于青少年早期抑郁与 5-HTTLPR 基因、BDNF 基因关系的研究中发现，5-HTTLPR S/S、S/L 等位基因和 BDNF Val/Val、Met/Met 等位基因是青少年早期抑郁的风险基因。上述的研究反映了双基因研究能更科学地展现出遗传对抑郁的影响。

多个基因对抑郁的共同作用：有时候一两个基因很难定位基因与抑郁之间存在的联系，多个基因的研究能更准确地找出抑郁的候选基因。有学者通过探究多巴胺系统基因与青少年早中期抑郁发展轨迹的关系发现，多巴胺系统基因的 DRD2 基因、COMT 基因和 MAOA 基因与青少年早中期抑郁均有关系，且携带 DRD2 基因 A241G 多态性的 AA 基因型的个体其抑郁的发展轨迹具有更大的风险，其会朝着高上升轨迹发展，携带 MAOA 基因 T941G

———————————

①　BUCHMANN A F，HELLWEG R，RIETSCHEL M，et al. BDNF Val 66 Met and 5-HTTLPR genotype moderate the impact of early psychosocial adversity on plasma brain-derived neurotrophic factor and depressive symptoms：a prospective study ［J］. European neuropsychopharmacal journal，2013，23（8）：902-909.

多态性 T 等位基因的个体其抑郁会朝着中等上升的轨迹发展[①]。另一个相似的研究则采用四种多巴胺系统基因来探究基因与青少年抑郁之间的关系，研究结果发现 COMT 基因 Vall58Met 多态性、DAT1 基因 rs27072 多态性、DRD2 基因 TaqIA 多态性以及 DRD2 基因 A241G 多态性以一种累加的方式而不是交互作用的方式联合起来调节青少年的抑郁水平，且风险等位基因携带越多，这种多基因的累加效果就越明显，青少年的抑郁水平也就越高[②]。在一项将 COMT、DAT、DRD1、DRD2、DRD3 作为多基因指标的研究中也发现，不管是健康正常组还是抑郁实验组，携带低活性多巴胺等位基因的数量越多，个体抑郁的水平就越高。在考察 HTR1A、HTR2A、HTR2C、2 个 HPH2 等多基因或 5-HTTLPR、DRD2、DRD4、COMT 等多基因对抑郁的影响时，同样得出相同的结论。从上述的发现来看，抑郁的多基因影响有两种形式，一种是以累加的形式来调节抑郁的水平，另一种是以交互效应的形式来完成对抑郁的影响。不管是以累加的形式还是以交互的形式来对抑郁产生影响，其相对于单基因来说都更加客观、更科学地揭示了遗传与抑郁之间的关系。

三、相关的理论

（一）行为遗传学

行为遗传学是在遗传、心理学、行为学等学科的基础上逐步发展出的一门新兴交叉学科。Galton 作为行为遗传学奠基人，首次系统地考察了人类行为特征与遗传的关系，并提出"优生学"的概念。而美国学者 Thompson 《行为遗传学》一书的出版，标志着行为遗传学的诞生。此后，关于行为遗传学的相关研究不断地涌现。传统的行为遗传学认为一种基因控制一种行为性状，如果因为某种原因导致某基因缺失，那么就会导致某些特定行为出现障碍。传统行为遗传学的这些观念后来受到了质疑，人们认为大多数行为性状不应只由一种基因控制，应是受到多基因的共同调控。也正是因为这些独立而又在不同程度上发挥作用的基因使得表现型在机体中呈现数量分布，从

---

① 曹丛，陈光辉，王美萍，等. MAOA 基因与抑郁的关系 [J]. 心理科学进展，2014，22（12）：12.

② 曹衍森，王美萍，曹丛，等. 抑郁遗传基础的性别差异 [J]. 心理科学进展，2013，21（9）：12.

而影响机体行为的发生和变化，这就是多基因的累加效应或交互效应。

（二）分子遗传学

分子遗传学是在分子水平上研究机体的遗传和变异的遗传学分支学科，是从微生物遗传学发展起来的。分子遗传学与经典遗传学不同，经典遗传学是为了解释子代与父代之间的性状频率关系，而分子遗传学的研究内容主要是围绕基因来开展的，例如基因的复制、表达、调控等。经典遗传学的基因是理论实体，而分子遗传学的基因是 DNA 片段，是物理实体。分子遗传学注重探究基因的本质、基因在机体中的功能以及基因变异给机体带来的一系列问题等。DNA 双螺旋结构的提出，加快了分子遗传的发展进程，一个基因一种酶的假设促进了蛋白质生物合成研究的进步。基因的调控是分子遗传学的一个重要概念，其由法国遗传学家莫诺等首次提出，该概念的提出，标志着分子遗传学的又一里程碑式的进步。分子遗传学常用的方法是抽取、分离、纯化、测定，这在一定程度方便了生物大分子的研究，而核酸和蛋白质都属于生物大分子物质，它们有自己的排列顺序，分析这些排列顺序为基因和该基因所编码的蛋白质之间的对应关系提供了证据。分子遗传学认为要想得到蛋白质失去某一活性的突变型，可以从两个方面入手：一是运用基因精细结构分析测定出这些突变位点在基因中的位置；二是再通过测定各个突变型中氨基酸的替代，判断出蛋白质的哪些部分与特定功能之间存在关系，以及找出什么氨基酸的替代导致这一特定功能受到影响[1]。

（三）神经影像学

神经影像学经常和功能脑成像联系在一起，包括许多技术和脑科学的知识。神经影像学检查技术是将计算机、医学、物理学、生物学、心理学等学科整合起来的一个综合性很强的学科，其快速的发展促进了脑工作机制的研究[2]。脑部的神经活动是三维动态形式，用一维的信号来解读大脑的工作机制，显然不足以准确地说明问题，而神经影像学技术则不同，它是在二维和三维的空间内对大脑的信息进行解读，能更全面形象地揭示脑的结构与功能。其中脑电图、脑磁图、功能磁共振成像技术等都属于神经影像学的内容

[1] 陈海伟. 现代分子遗传学理论与发展研究［M］. 北京：中国水利水电出版社，2014.
[2] 李坤成，刘江涛. 神经影像学十年进展［J］. 中国现代神经疾病杂志，2010，10（1）：123-126.

范畴。这些技术的运用能帮助人们更全面地了解大脑的工作机制，尤其是大脑产生的高级认知，如情感等。神经影像学在心理学方面应用广泛，也可用于抑郁症的治疗。在最近的一些报告中发现，难治性抑郁症可以通过神经影像学来进行治疗，其中治疗的方法有多种，包括电休克治疗法、经颅磁刺激治疗和深部脑刺激治疗。虽然这些方法还存在很多的不足，但是为治疗相关额叶-边缘系统脑结构、功能等变化提供了新的方向，也为难治性抑郁的治疗提供了影像学和神经、生物学基础。

第二节　社会心理因素对大学生抑郁的影响

国内外的许多学者研究发现，抑郁情绪除与遗传基因有关以外，还与个人家庭环境、童年生活经历、人格特质、社会支持、生活事件、应对方式等有关。

一、家庭教育与抑郁

（一）家庭教育的概念

家庭教育是指父母或其他监护人为促进未成年人全面健康成长实施的培养和引导。家庭是人生长的摇篮，随着社会的进步和时代的发展，人们对子女的教育越来越重视，越来越多的人能够意识到家庭教育对于培养孩子健全人格的重要性，也有越来越多的家长意识到一个良好的家庭教育环境对于孩子以后性格发展的重要性。儿童、青少年从小就生活在家庭里，父母或其他年长者在家庭环境内自觉地、有意识地对子女进行的教育，以及家庭中日积月累形成的价值观、思维方式、行为习惯，这些都会潜移默化地影响孩子，对其以后的生活也会产生重大影响。由于每个家庭的背景不同，也有着不同的价值观念，因此每个家庭的教养方式也千差万别。

对于家庭教养方式，不同的学者有不同的理解。学者 Darling、Steinberg（1993）认为家庭教养方式是指父母的教育行为以及父母传递给子女的他们对子女的态度。这一定义反映了亲子间互动的性质，即具有跨情境的稳定性。美国心理学家戴安娜·鲍姆林德（1962）受社会学习理论、生态学和家庭系统理论的影响，她认为，家庭教养方式的定义中应该包含两个方面的内容：一方面是指父母对子女所提出要求的数量和种类；另一方面是父母给予子女的反馈，即要求性和反应性。我国心理学家顾明远等（1991）认为家庭教养方式包含广义和狭义之分，广义的家庭教养方式是指家庭成员之间相互影响的一种教育，而狭义的家庭教养方式是指父母对子女实施的教育。学者张文新（1997）把家庭教养方式定义为父母在哺育子女的过程中所表现出来的一种稳定的行为方式。台湾心理学家吴新华（2006）把家庭教养方式定义为：父母在教养子女时所表现的行为，以及隐藏在这些行为背后的父母人格特质及其对子女的教养态度。

（二）家庭教育的分类

美国心理学家戴安娜·鲍姆林德（1967）根据要求性和反应性这两个维度，将家庭教育方式分为权威型、专制型、溺爱型和忽视型。

权威型并不是绝对权威，它是一种理性且民主的教养方式。父母在子女心中的权威来源于父母在与子女相处过程中的理解与尊重，来自他们与孩子的经常交流以及对子女的帮助。权威型的亲子关系是平等、和谐共处的关系，这种类型下的父母对孩子有明确合理的要求，会在子女的最近发展区内设立一定的行为目标，而对于子女的不合理任性的行为作出适当的限制并督促其改正。同样，权威型的父母能够细心聆听孩子的内心世界，面对孩子犯错误能够晓之以理，动之以情，激励孩子自我成长，培养健全人格。这种民主又不失理性的教养方式使孩子具有独立性强、自尊自信、善于自我反思、人际关系良好等良好的品质，并具有一定的社会责任感。

专制型模式下的父母认为子女要无条件地接受父母制定的规则和标准，常使用强硬的纪律措施，稍有不顺，非打即骂。亲子关系是一种"管"与"被管"的不平等关系。父母没有耐心倾听孩子内心世界的声音，强迫孩子干他们不愿意的事情。面对子女的错误，解决措施常常是严厉的惩罚，做了正确的事情也不能及时给予孩子表扬与鼓励。长此以往，容易使子女变得自卑、懦弱、退缩、不愿前进，容易形成依赖感，自我调节能力和适应能力差，缺乏社会责任感等。

溺爱型的父母在抚育子女的过程中过度宠爱，盲目迁就。家长为孩子提供无微不至的照顾和帮助，容易造成儿童对家长极度依赖。对于孩子的错误行为和过分的要求采取无条件迁就和服从的态度。在这种过度宠爱，盲目迁就的教养方式下成长起来的儿童自我控制能力较差，总是以哭闹等方式寻求满足，依赖性很强，具有较强的攻击性和冲动性，不利于其形成健全的人格和适应社会。

忽视型的父母在教养孩子的过程中，对孩子的成长漠不关心，采取不管不顾、放任自流、任其发展的态度。此类型的父母和子女在一起的时间较少，对儿童缺乏交流的动机和适当的关心和爱护。这种教养模式会使孩子出现适应障碍，对于学校生活和社会交往缺乏兴趣，感情逐渐变得冷漠，并且在长大之后表现出较高的犯罪倾向。

除了以上的划分类型，还有美国心理学家西蒙兹（Symonds，1939）所提出的亲子关系中的两个基本维度：接受—拒绝，支配—服从。研究发现，被父母接受的孩子一般都表现出社会需要的行为，如情绪稳定、兴趣广泛、富有同情心；而被父母拒绝的儿童大都情绪不稳定、冷漠、倔强并具有逆反心理倾向。受父母支配的孩子比较被动、顺从，缺乏自信心、依赖性强；让父母服从自己的孩子表现为独立性和攻击性强。马克比和马丁（Maccoby & Martin，1983）发展了鲍姆林德的理论，并在此基础上将父母教养方式分为权威抚养型、独断抚养型、宽容溺爱型和宽容冷漠型。随着学者对家庭教养方式的研究不断深入以及人类发展生态学理论、家庭系统理论等的影响，家庭教养方式研究开始关注父母与子女之间的互动，认为父母在影响、改变和塑造子女的同时，其教养方式也会受到儿童的个性、气质等心理特点和行为的影响。

（三）家庭教育与抑郁

家庭是大学生人格形成与发展的最主要也是最早的场所，父母则是孩子成长过程中的第一位老师。国内外一些研究表明，父母的教养方式对子女的心理发育、个性形成、情绪完善以及心理健康都有非常重要的影响。研究发现，家庭教养方式对青少年抑郁情绪有一定的影响。家庭中父母的教养方式多以理解、情感温暖为主，多鼓励和肯定则不易发生抑郁。父母对子女表达出的尊重、理解、信任，一方面有利于增加父母与子女之间的彼此信任，建立亲密的情感依恋关系，子女愿意向父母宣泄心中的苦闷和不快。另一方面子女能够悦纳自己，对自己充满自信，在社会交往中易于和他人建立并维持友好关系。反之如果父母经常采取不当的家庭教养方式，如拒绝、过度惩罚、冷漠等，会导致子女产生消极的自我评价，缺乏自信，在社交中表现出过分敏感，害怕被拒绝，进而回避社交，更容易产生抑郁。扬琴等（1999）的研究发现，好的家庭教养方式与大学生抑郁情绪呈负相关，不良的家庭教养方式与大学生抑郁情绪呈正相关。同时发现，情绪调节在家庭教养方式和抑郁之间起部分中介作用。国外研究表明，家庭对抑郁障碍的影响很大，与控制组相比，抑郁者的家庭显示出明显的家庭功能不良。闫珉（2002）的研究认为：抑郁症儿童父母的教养方式更倾向于高拒绝、否认、惩罚严厉、过度保护和低情感温暖和理解，父母教养方式对抑郁症的认知模式有一定影响。徐勇、杨鲁静（2003）的研究结果也表明，儿童抑郁倾向与其家庭环境的亲密度、情感表达、矛盾性、知识性、娱乐性、组织性有关，特别是矛盾性对儿童抑郁倾向的发生有重要影响。

（四）父母教养方式与抑郁

父母教养方式基于亲子关系，以家庭中的养育活动为主。父母教养方式在个体社会化上发挥着重要作用，因此备受心理学家、社会学家等相关领域学者的关注。此外，佩里斯等（1980）将父母教养方式（parenting style）定义为父母对孩子的养育方式。不少研究者认为这种定义过于简单。Steinberg、Fletcher 和 Darling（1994）通过相关研究指出，父母教养方式是父母与孩子在相处过程中展现出的情感和言语的集合体。这些由情感、言语和态度所构成的抚养氛围对孩子的成长能产生耳濡目染的效果[①]。国内，不同研究者从不同角度出发，有如下界定。戴国忠和施晓灵（1994）对父母教养方式有了更为具体的认识，其认为父母教养方式是父母在家庭生活里抚养和教育子女的过程中，表达出的较为固定的、不易改变的行为模式及倾向。不仅是家长对孩子表达出的抚养态度，同样也是家长在家庭中通过抚养行为而营造出的情感氛围。父母教养方式包括那些有目的的行为以及非目的的行为（自然表露的情绪变化、语调等）[②]。顾明远（1991）认为父母教养方式包括广义和狭义两个方面，广义上的父母教养方式指家庭中两代人之间互相作用的一类教育模式，狭义上的父母教养方式即父母教育子女的方式。Moyle、Baldwin 和 Scarisbrick（1948）使用访谈与观察法将父母教养方式

---

① STEINBERG L，FLETCHER A，DARLING N. Parental monitoring and peer influences on adolescent substance use［J］. Pediatrics，1994，93（6）：1060-1064.

② 戴国忠，施晓灵 . 对中学生成就动机的调查与分析［J］. 上海教育科研，1994（3）：20-19.

分为民主和控制两个基本维度。随着研究的进展，对父母教养方式的模式类型的研究开始成为学者们关注的焦点。鲍姆林德（1967）的三种分类是这之中最具代表性的，他认为父母教养方式的模式类型可以分为权威型、宽容型和专制型三种。Snow 和 Maccoby 等（1983）的研究拓展了该理论，以父母对儿童的要求和反应为坐标轴划分，提出了第四种类型忽视型。国内的研究者把父母教养方式划分为溺爱、民主、放任、专制和不一致等五种类型，或是物质关怀、严厉惩罚、过度感受、心理支持、拒绝、偏爱等六种类型。关于父母教养方式，不同的理论学派有不同观点。精神分析理论十分注重个体早期经历，尤其是幼儿期的发展以及家庭中的父母教养方式，其认为父母表现出的情感态度是家庭环境的核心。早期的行为主义理论认为，环境以及教育决定了个体习得并形成怎样的行为，其认为外界怎样进行强化，个体就会有怎样的行为。后来的社会学习理论在强化的基础上又增加了观察学习，认为父母示范和儿童榜样对个体行为的影响很重要，强调父母教养方式应注重教养行为而非教养态度。相互作用理论则认为家庭中的影响是双向的，父母和子女是在互动中满足彼此需要，子女性格是通过父母对子女行为的反馈来塑造的。而兴起于 20 世纪 70 年代末期的生态系统理论则认为个体在发展过程中会受到一个由内到外，由强到弱的系统的影响。而家庭属于最接近个体、最内层的微观系统，对个体行为的塑造和发展发挥关键的作用。

二、人格特质与抑郁

（一）人格的相关概念

人格是许多学科的研究对象，如心理学、社会学、哲学、教育学、伦理学等。人格最早源于古希腊语"persona"，原指希腊戏剧中演员所佩戴的面具，不同性格的人物角色会佩戴不同的面具，面具就是人格的体现，以此来体现人物的性格和特点，就如同我国京剧中的脸谱一样（彭聃龄，2001）。在人生的大舞台上，人也会根据社会角色的不同来更换面具，这些面具就是人格的外在表现。心理学沿用面具的含义，并将其转义为人格。目前为止，心理学家因为各自研究的方向不同，对于人格也存在不同的理解。

人格一词在心理学领域广泛应用始于 20 世纪 30 年代，Allport 的《人格：一种心理学的解释》（1937）和 Murray 的《人格探究》（1938）为人格心理学的研究开启了崭新的道路。美国心理学家 Allport（1961）最初将人格定义为个体内在心理生理系统中的动力组织，它决定了人对环境适应的独特性。1961 年 Allport 以已有概念为基础，深化了人格的定义，提出人格是一个人内在心理生理系统的动力组织，决定着个人特有的思想和行为。Phares（1991）认为人格是一个人区别于另一个人并保持恒定的具有特征性的思想、情感和行为的模式。Pervin（1983）将人格视为个体思维、情感、行为过程中独特的、相对一致的模式。

中国许多研究者也对人格作出不同的定义。最有代表的是张春兴（1994）认为人格是在遗传与环境交互作用下，由逐渐发展的心理特征所构成。黄希庭（2000）在对各个学者的总结基础上提出"人格是个体在行为上的内部倾向，它表现为个体适应环境时在能力、气质、性格、需要、动机、价值观、世界观等方面的整合，是具有动力一致性和连续性的自我，是个体在社会化过程中形成的给人以特色的身心组织"这一定义。

（二）人格的相关理论

1. 人格特质理论

特质理论把人格解释为许多个别特点的组合，个体在某种情境下的行为特点也会在另外的情境中出现，这种行为上跨地点的一致性倾向就是个体的人格结构，具有相对持久的，一致而稳定的思想、情感和动作的特点，即特质。特质是人格基本的测量单元，也是个体在行为上既相似而又区别于他人的原因。

主要的特质理论代表人物有奥尔波特与卡特尔。奥尔波特在《人格模式和发展》一书中形成了完整的人格特质理论。他把人格特质分为共同特质（common trait）和个人特质（individual trait）两类。共同特质是指在某一社会背景下，大多数人或一个群体所具有的相同的特质；个人特质是指个体身上所独有的特质，与其他个体所不同，包括首要特质、中心特质与次要特质。首要特质（cardinal trait）是个体最典型、最具有概括性的特质，它影响到个体行为的各个方面。像小说或戏剧的中心人物，往往被作者以夸张的笔法，特别突显其首要特质，例如林黛玉的多愁善感。中心特质（central trait）是构成个体独特性的几个重要特质，在每个人身上大约有 5～10 个中心特质。如林黛玉的清高、聪明、孤僻、抑郁、敏感等，都属于中心特质，虽不如首要特质那样对行为起支配作用，但也是行为的决定因素。次要特质（secondary trait）是指个体身上一些不太重要的特质，只有在少数情境下才表现出来。如有些人虽然喜欢高谈阔论，但在陌生人面前则沉默寡言。

卡特尔（1949）提出了人格的四层模型，第一层是个别特质和共同特质；第二层是表面特质和根源特质；第三层包括体质特质和环境特质；第四层包括动力特质、能力特质和气质特质。运用因素分析的方法，卡特尔总结了 16 种人格相互独立的根源特质，并编制了"卡特尔 16 种人格因素测验"，他认为这 16 种人格特质普遍存在于每个人身上，只是表现的程度有所差异，所以可以对人格进行量化分析。

2. 艾森克的人格理论

艾森克（Eysenck，1947，1967）人格理论的基本观点是：①人格是一种分层的结构；②人格类型有 3 个维度。由此产生"三因素模型"人格现代特质理论。三因素是指外倾性、神经质和精神质。四个层次由下到上依次为"特殊反应水平"、"习惯反应水平"、"特质层"和"类型层"。各种人格特质可用一个人格维度图表示。艾森克从特质理论出发，以因素分析方法和传统的实验心理学方法相结合的方式来长期研究人格问题，并把研究兴趣从特质转向维度，从而确立了自己的人格理论。

3. 大五人格理论

大五人格理论在心理学领域乃至教育等其他领域有着重要而广泛的影响，Costa 和 Mc Crae（1987）根据卡特尔的相关人格理论的分析和自己的理论建构了人格五因素模型，这五个因素分别是外倾性（extraversion）、经验开放性（openness）、宜人性（agreeableness）、尽责性（conscientiousness）和神经质（neuroticism）。经验开放性：具有想象、审美、情感丰富、求异、创造、智能等特质。尽责性：显示胜任、公正、条理、尽职、成就、自律、谨慎、克制等特质。外倾性：表现出热情、社交、果断、活跃、冒险、乐观等特质。宜人性：具有信任、利他、直率、依从、谦虚、移情等特质。神经质：具有平衡焦虑、敌对、压抑、自我意识、冲动、脆弱等情绪的特质，即具有保持情绪稳定的能力。

（三）人格与抑郁

相关研究表明，人格与抑郁息息相关。美国精神障碍诊断与统计手册第 4 版提出抑郁型人格障碍（depressive personality disorder，DPD）定义，认为抑郁型人格障碍是起始于童年期或青少年早期，并一直延续至成年期的抑郁认知和行为的普遍行为模式，它并不是只发生在重度抑郁症发作期间，也无法通过心境恶劣障碍来解释。抑郁型人格的人容易产生一种持续普遍的沮丧、忧郁、无精打采、不开心、无价值感、愧疚或懊恼的感觉；对自我和他人都是消极、悲观、贬低和批评的；经常反刍并为此担忧等。马慧等（2019）的研究表明，大学生抑郁症状发生率较高，与神经质人格特征、消极应对方式显著相关，消极应对方式在神经质与抑郁症状之间起到一定的中介效应。Kotov（2015）对175篇关于人格和精神疾病（抑郁症、焦虑症等）的研究进行meta分析，结果表明抑郁症患者表现出高水平神经质及低水平的外向性和严谨性。Robert（2012）在一项双胞胎研究中发现，神经质水平高的女性在应对负性生活事件时会表现出更高的抑郁易感性。赵文力等（2016）的研究表明，留守儿童的神经质人格与抑郁、特质焦虑以及状态焦虑均呈显著正相关。陆青怡（2013）的研究表明，抑郁状态与神经质、外向性、随和性、责任性有关，抑郁状态的不同程度与神经质、外向性、开放性有关；神经质与抑郁自评量表（CES-D）关系最紧密。

三、社会支持与抑郁

（一）社会支持的概念

社会支持又分为实际社会支持和领悟社会支持。实际社会支持是个体客观上受到的支持，指个体在面对压力时从周围人那里得到的实际的帮助；而领悟社会支持则是指个体对社会支持持有的期望和评价，是对未来可能受到的社会支持所持有的信念。

（二）社会支持与抑郁

社会支持和抑郁有着密切的联系。社会支持在应激与抑郁间起调节作用。李伟（2003）认为不论压力高或低，社会支持良好的大学生比社会支持不好的大学生出现更少的抑郁、焦虑。叶俊杰（2006）认为大学生领悟社会支持直接影响抑郁水平，实际社会支持主要通过领悟社会支持对抑郁情绪起缓冲作用。他认为这是由于领悟社会支持高的个体倾向于对生活中出现的行为和事件的意义作出积极的解释，而领悟社会支持水平低的人则将相同的事件解释为消极的。Santini对抑郁和社会关系的相关文献进行回顾检索，分析了从2000年至2014年5月的51篇相关文章，其中35篇相关文章中有32篇文献支持高水平的领悟社会支持对抑郁有保护作用，低水平的领悟社会支持和抑郁存在相关。Jensen（2017）对多发性硬化、脊髓受伤和肌肉萎缩的病人进行研究发现领悟社会支持和抑郁存在负相关，并且这种相关不因病人性别、年龄以及疾病的不同而不同。陶沙（2017）对大学生社会支持结构进行分析发现，抑郁倾向大学生的社会支持结构在朋友、大学同学及中小学同学支持源上的提名百分数比非抑郁倾向组显著较低，对大学同学支持的满意程度也显著较低，他认为这说明了抑郁倾向的大学生在生活环境发生变化、需要重新建立人际关系的过程中，没能够建立起积极有效的横向同伴联系，为其环境适应添加了不利因素。徐含笑（2008）的研究认为大学生感受到的来自家庭内的支持要比感受到来自家庭外的支持对大学生抑郁情绪的影响更大。

四、生活事件与抑郁

（一）生活事件的概念

生活事件（life events）和应激（stress）这两个概念有密切的联系，生活在社会环境中的个体，无时无刻不在接受着外来的刺激。适当的刺激是维持个体正常生理、心理功能的必要条件，有助于人们更好地提高自身能力、适应环境。但是，当个体受到的刺激过于强烈或持久时，机体的平衡状态就会被打破，表现出一系列生理、心理和行为的变化，这时个体所表现出的状态即"应激"状态。

应激一词可溯至拉丁语 Stringer，意思为"紧紧地捆扎"。神经生理学家 Cannon（1925）最早把应激这一术语引入社会领域，他认为当个体在恶劣环境时会出现战斗或逃跑反应，于是将这种状态叫作应激。目前关于应激的解释主要表现为以下三种理论：一是应激的刺激理论模型。指的是引起个体紧张的外部环境中的威胁性刺激，重点分析什么样的环境刺激可使人产生紧张反应，试图寻求刺激和紧张反应之间的因果关系，甚至数量关系。这种理论中应激的含义其实相当于应激源。二是应激的反应理论模型。这种理论模型是把个体的紧张反应（生理的、心理的、行为的）称为应激，重点从机体生物学反应方面对应激进行研究。三是应激 CPT 理论，即认知—现象学—相互作用（cognitive-phenomenological-transactional，CPT）理论模型。这是一种心理学模型，将应激描述为一个过程，即刺激与反应之间的交互关系，其中包含认知、应对、社会支持等一系列中介因素，注重对应激中间过程即认知、应对等一系列中介因素的研究。

基于对应激的不同认识，国内外学者对生活事件进行了不同的界定。

Danish 等（1980）认为生活事件是生命的历程（processes）。从生态系统的角度看，个人的成长伴随着与环境的不断交互，生活事件代表个体与所处环境之间反复交互所引起的落差或失衡，进而产生压力或危机的感受，生活事件使生活发生变动，扰乱生活平衡。在一些研究中，如 Slavin（1991）、Miller 等（1997）的研究，生活事件通常被作为压力测量指标使用，与此压力形态相对应，造成慢性压力的压力源称为"日常生活事件"，导致急性压力的压力源则称为"重大生活事件"（Compas，1987）。国内关于生活事件具有代表性的观点是魏义梅和张剑（2008）提出的，她认为"生活事件是指在生活中发生某些会造成生活模式改变，或与环境、人际关系之间互动失衡的事件，是造成个体心理应激并可能进而损伤躯体健康的主要刺激物①"。这一概念既表达了生活事件应激源本质的观点，又展示了生活事件的交互动态性。

（二）生活事件的分类

应激源是指环境对个体提出的各种需求，经个体认知评价后可以引起生理和心理反应的刺激。生活中有大量的应激源，学者从不同的角度提出多种有关应激源的分类。

从来源划分，可以把应激源分为内部应激源和外部应激源。内部应激源是指产生于个体内的各种刺激或需求，包括生理方面的躯体疾病和心理方面的动机、自责、自卑等；外部应激源是指来自个体外的各种刺激或需求，包括自然环境和社会环境方面的变化。

从性质角度划分，可以分为正性应激源，如结婚、升迁；中性应激源，如工作变动、搬家；负性应激源，如疾病、灾难性事件。

根据应激的来源与作用对象，可以分为躯体性应激源、心理性应激源、社会性应激源和文化性应激源。无论哪种分类方法，应激源都有一个共同的特点，即被觉察到的威胁。也就是说，我们周围环境中的一切变化都是潜在的应激源，但是，并不是所有的变化和刺激都能引起个体的身心反应，只有外在的变化被个体认知评价为对自身具有威胁或挑战，进而引起机体的紧张状态时，才能转化为实际有效的应激源。

---

① 魏义梅，张剑. 大学生生活事件认知情绪调节与抑郁的关系［J］. 中国临床心理学杂志，2008，16（6）：2.

（三）生活事件与抑郁的关系

已有研究表明个体所经历的负性生活事件的数量以及事件的严重性是导致抑郁的重要影响因素，即个体经历的负性生活事件越多，越容易激活其消极的自我认知，出现抑郁的可能性越大。

抑郁的素质—应激理论（Diener 等，1999）认为，抑郁的形成有三种情况：（1）应激是关键，素质只是产生抑郁的一个成分；（2）素质是关键，应激只是素质的一种表现或仅仅只是抑郁后的表现；（3）应激和素质都是必不可少的，两者共同起作用导致抑郁。姚崇等（2019）的研究表明，大学生抑郁的形成过程是多路径、多层次的，既有生活事件对抑郁的直接作用，又有生活事件对抑郁的间接作用[①]。Beck（2008）的抑郁认知理论认为，认知高易感的个体在受到生活事件的冲击时，容易产生功能失调性态度，进而引发抑郁[②]。还有研究表明，生活事件是导致抑郁的风险因素（Phillips，Carroll 和 Der，2015）[③]，其与抑郁之间存在显著正相关（丁新华，王极盛，2002），可以直接对个体抑郁产生影响（罗一君，孔繁昌，牛更枫，周宗奎，2017）[④]，并能有效预测抑郁（伍新春，王文超，周宵，陈秋燕，林崇德，2018）[⑤]。Slopen（2011）对美国 32744 名受试者进行前瞻性调查研究发现压力性生活事件的数量能够预测抑郁的发生，且不存在性别差异。李永鑫（2007）采用交叉滞后分析对生活事件与抑郁的关系进行分析，发现生活琐事比重大事件能够更加显著地预测抑郁，生活琐事是抑郁的前因变量。易红（2010）发现大学生无望抑郁的发生和负性生活事件关系密切，而且无望抑郁的变化趋势和负性生活事件的变化趋势相一致。Bouma（2009）对 2127 名青少年（平均年龄约 11 岁）进行为时一年半的纵向队列研究，发现生活

---

① 姚崇，游旭群，刘松，等. 大学生生活事件与抑郁的关系：有调节的中介作用 [J]. 心理科学，2019，42（4）：7.

② BECK A T. The evolution of the cognitive model of depression and its neurobiological correlates. [J]. American journal of psychiatry，2008，165（8）：969-977.

③ PHILLIPS A C，CARROLL D，DER G. Negative life events and symptoms of depression and anxiety：stress causation and/or stress generation [J]. Anxiety stress & coping，2015，28（4）：357-371.

④ 罗一君，孔繁昌，牛更枫，等. 压力事件对初中生抑郁的影响：网络使用动机与网络使用强度的作用 [J]. 心理发展与教育，2017，33（3）：337-344.

⑤ 伍新春，王文超，周宵，等. 汶川地震 8.5 年后青少年身心状况研究 [J]. 心理发展与教育，2018，34（1）：10.

事件对抑郁有明显的预测作用，并且对女孩的预测效果尤其明显。Reyes-Rodri'guez（2011）认为生活环境的改变、生病和重要关系的破裂是诱发大学新生抑郁的主要事件。

另一些研究者则认为生活事件和抑郁之间还存在一些中介变量，二者不是直接作用的。Hewitt（2012）认为生活事件不能促发抑郁，只有在中等以上的完美主义者身上生活事件才会促发抑郁，完美主义在生活事件与抑郁中发挥中介作用。张月娟（2005）也认为虽然生活事件与抑郁情绪存在密切相关，但二者的联系不是直接的，生活事件并不是大学生产生抑郁的直接原因，仅为促发因素，是通过自动思维和应对方式作为易感因素在生活事件和抑郁之间进行中介作用而产生的。Bouhuys（2016）对抑郁症病人的研究发现当压力性事件出现以后，抑郁症的时点复发率增加了 3.29 倍，尤其是人际压力事件，使抑郁症的复发率增加了 4.57 倍，这说明压力性事件尤其是人际压力事件是抑郁的危险因素。除此之外，应激生成理论则认为虽然生活事件会增加抑郁发生的概率，但是抑郁者自身的某些特质也会增加负性生活事件发生的概率。Safford（2010）就认为抑郁者具有的负性思维方式比抑郁者的病史对将来负性事件发生更具有预测性。一个有着负性思维的个体不仅有着更高的抑郁风险，同时也有着更高的经历负性生活事件的风险。

五、应对方式与抑郁

（一）应对方式的概念

应对又称应付，是个体面对环境有意识地变换，有目的地采取调节行为（Joffe，1978）。应对也被看作是个体根据面临的压力事件的要求不断变化的动力过程，是一种有目的、有意思的反应，是个体在认知和行为方面采取的措施（Lazarus 和 Folkman，1984）。对此采取的认知和行为的方式便称之为应对方式，也可称作应对策略或应对机制，是个体为了适应外界的环境要求，从而改变自我认知、调节情绪、促进心理平衡所采取的方法和手段。

（二）应对方式的理论

国内外对应对方式的研究有很多，研究的内容也很丰富。依据不同的研究方向，应对方式也存在不同的分类。国外学术专家对于应对方式的研究早于我国，所涉及关于应对方式的分类有以下几种。

Lazarus 和 Folkman（2000）根据应对方式的功能将其分为问题指向应

对方式和情绪指向应对方式。问题指向应对方式是指个体面对压力事件时，选择将问题解决并减轻压力事件的程度，使个体能够控制自己与环境之间的互动关系；情绪指向应对指个体努力调节自己的心理或情绪以应对压力事件，通过改变环境对自我的意义而减轻压力。Epel 和 Zimbardo（1999）认为根据目的的不同，可以将应对分成两种类型：一类是通过放松疗法、幻想、有意分散注意、使用药物等麻痹自我感觉的活动来改变自我，而不是改变应激源；另一类是通过如妥协、抗争、逃避等解决问题的活动或直接的行动，改变应激源或个体与应激的关系。另外，许多研究者是根据自己研究的结果对应对方式进行分类的。Billings 和 Moos（1984）根据自己的研究将应对方式分成三类：第一类，积极的认知应对。指个体用积极乐观的态度评价应激事件，相信自己有能力控制应激，从而在心理上能更有效地应对应激。第二类，积极的行为应对。指个体采取明显的行动，用实际行动解决问题。第三类，回避应对。指个体回避主动对抗或采取如过度饮酒、大量抽烟等逃避的形式来缓解与应激相关的紧张情绪。因为每个人存在着不同的应对方式机制，所以就算是相同的应激事件对于不同个体的影响也各有差异。

（三）应对方式与抑郁

应对方式决定着个体在面对内部和外部环境的压力及其有关的情绪困扰时所采用的方法、策略和手段。不同的应对方式可以增加或降低个体反应的水平，从而影响应激事件和情绪反应的关系。积极应对方式作为应对方式的一种，与心理健康之间存在着密切联系，可以降低心理问题出现的概率。有关实证研究也表明，积极应对方式与心理健康问题呈显著负相关，使用积极应对方式越多的个体，心理健康问题越少。彭瑛等（2003）研究发现，消极应对方式可能是抑郁个体偏爱的应对方式。大学生采取积极的应对方式，可以有效地缓解应激强度，降低大学生心理问题的发生率（廖友国，2014）[1]，而如果采取消极的应对方式，个体出现抑郁、焦虑的可能性就会越高（张冉冉，夏凌翔，陈永，2014）[2]。Peterson（2013）研究发现，倾向于采用积极应对方式的个体相对于倾向采用消极应对方式的个体而言较少报告抑郁症

---

① 廖友国. 中国人应对方式与心理健康关系的元分析［J］. 中国临床心理学杂志，2014，22（5）：4.

② 张冉冉，夏凌翔，陈永. 大学生人际自立特质与抑郁的关系：人际应对的中介作用［J］. 心理发展与教育，2014，30（2）：7.

状。Faust Jan（1995）对患有 Turner 综合征孩子的父母的抑郁预测因素进行探索发现，经常采取努力面对、尝试解决问题等积极应对方式的母亲相对于那些不使用或较少使用此方式的母亲报告较少的抑郁情绪，说明积极的应对方式能够降低刺激的反应水平，从而减少抑郁的发生。肖计划（1996）在青少年学生的应对方式和心理健康水平的关系研究中发现，较多使用"解决问题"等积极应对方式的学生不仅整体的心理健康水平较高，而且人际关系也较好，而较多使用"自责"与"幻想"等消极应付方式的学生，除了总的心理健康水平较低外，还常伴有焦虑、抑郁和某些强迫症状。Sadaghiani（1998）对非临床人群和普通人群进行对比发现情绪指向应对方式和回避应对方式在抑郁、焦虑和压力等不良情绪的产生中扮演重要角色。Leandr（2010）的研究发现，男女同等频率使用问题指向应对方式时，女性比男性更多地使用情绪指向应对方式。低自尊、高抑郁的个体更多地使用情绪指向应对方式，高自尊、低抑郁的个体更多地使用问题指向应对方式。

六、完美主义与抑郁

（一）完美主义

完美主义者是指那些追求完美，给自己设置过高目标的人。不同的研究者从不同的角度出发划分了不同的完美主义维度，后来的研究者在此基础上将完美主义区分为积极完美主义和消极完美主义。积极完美主义包括个人标准、设置具体的目标以及为实现目标而行动。消极完美主义包括对失败的消极反应、过度关注他人的评价和期望、怀疑自己的能力和过度自我批判。消极完美主义是抑郁的易感因素之一。完美主义的社会隔离模型认为消极完美主义得分高的个体容易抑郁，这是由于他们更容易处于社会隔离的状态（感到被拒绝、排除、批评、判断，不被接纳），高消极完美主义的个体倾向于将他人的行为解释为对自己不认可和不接纳，他们认为他人是苛刻的、严格的和不能容忍错误。因此，即使是别人善意的问候或简单的手势，他们也可能认为是对方对自己不满意，而另一方面他们又十分渴望他人的认可，这使得他们更加容易抑郁。

（二）完美主义与抑郁

Flett（2009）认为完美主义者对自己价值的评估依赖于随情境而变动的自我价值感，因此当他们经历那些不能肯定自身价值的负性事件时，更容易发生抑郁。Sherry（2012）研究了消极完美主义和抑郁、焦虑之间的关系，发现消极完美主义预测了抑郁症状的变化，而抑郁症状却没有预测消极完美主义的改变。消极完美主义是焦虑的一种伴随状态，既不是焦虑的原因也不是焦虑的结果。因此消极完美主义是抑郁的一个特定的易感因素，支持抑郁症的易感性模型。

Herry（2010）同时采用自评和他评的方式对消极完美主义和抑郁进行了纵向调查，发现无论自评还是他评，自我批评完美主义都能很好地预测后来的抑郁。他又对 218 名中年女性进行追踪纵向研究发现，控制了神经质的影响后，消极完美主义仍旧是抑郁的一种易感人格因素。

学者张斌（2013）也发现消极完美主义与抑郁症相关，积极完美主义与抑郁不相关。消极完美主义不仅可以直接对抑郁产生影响，也可以通过自尊的中介作用间接对抑郁产生影响。

Hewitt（2010）发现生活事件只有在中等以上的完美主义者身上才会促发抑郁，完美主义和生活事件均不能促发抑郁。完美主义是抑郁的伴随物，并且中介了应激生活事件和抑郁之间的关系。杨丽（2012）也发现生活事件的发生激活了个体的消极完美主义特质，使个体更容易产生抑郁，被激活后的消极完美主义特质促使个体把经历的一些日常生活琐事知觉为应激性事件，继而加剧了抑郁的水平，这样的恶性循环促使消极完美主义个体的抑郁症状维持并迁延。

第三节　抑郁的易感模型

一、抑郁的易感性

现代医学认为，疾病重在"早发现，早治疗"。因此，抑郁发病的早期预测和诊断正成为抑郁症研究的大趋势。研究发现从基因角度看，具有抑郁家族史的个体有较大的患抑郁症的风险[①]；而早期有压力的生活事件对个体

① LETOURNEAU N L, TRAMONTE L, WILLMS J D. Maternal depression, family functioning and children's longitudinal development [J]. Journal of pediatric nursing, 2013, 28 (3): 223-234.

后期产生抑郁情绪的影响重大。此外，个体稳定的人格特征（如较高的神经质）也在很大程度上能预测后期罹患抑郁的风险，这些对抑郁有重要影响的因素，称为抑郁易感性因素。阐释抑郁易感性因素以及其神经机制不仅有助于阐释抑郁发病的病理机制，而且对抑郁发病的早期预测、早期诊断起至关重要的作用。

二、抑郁的相关理论

（一）抑郁的生物学理论

有关抑郁症生物学病因的学说可以追溯到古希腊的希波克拉底。希波克拉底认为，抑郁症是由于"黑胆汁"及"黏液"淤积影响脑功能所致。自20世纪60年代以来，有关抑郁症的生物学病因学说逐步发展起来，多数学者认为，抑郁是由于脑内缺乏去甲肾上腺素所致。近年来，随着分子生物学与大脑影像技术的发展，抑郁的生物学病因逐步得到了比较深入的研究，从细胞水平、分子水平以及受体水平进行探索，深入到生理功能的动态研究。脑成像技术研究表明，抑郁症患者与正常人相比，脑内血液灌流量与葡萄糖代谢率显示异常，这对抑郁的发生机制、诊断治疗有着重要的理论与实践价值。抑郁的神经内分泌理论研究表明，抑郁与下丘脑—垂体—肾上腺（HPA）轴功能亢进有关。随着抑郁症状的缓解，HPA轴功能亢进逐步正常。抑郁的神经递质理论研究表明，抑郁症的发病与单胺递质有关，特别是与5-HT递质有关。5-HT递质受体系统在抑郁症的发病及治疗过程中会发生明显变化。抑郁的免疫学研究表明，白细胞介质（interleukin，IL）水平与抑郁症状的程度、疾病所处阶段等因素有关。

（二）抑郁的精神分析理论

精神分析理论强调爱以及情感的丧失在抑郁形成中的作用。这一理论认为，抑郁与人格结构中的超我有关，当超我的攻击性指向内部时，人们易患抑郁症。弗洛伊德（Freud，1985）最初将抑郁看作是对失落的一种反应，后来弗洛伊德考虑到抑郁症可能是由于患者遭遇到其他某些并不明显的失落，如地位的失落、希望的破灭或自我形象的损伤所致，这类失落不一定就是丧亲之痛。这一理论认为，情感丧失往往会造成各种内部的心理变化，导致严厉的、不合理的自我批评和自我惩罚，从而最终导致抑郁的形成。随着这一理论的演化，强调的重点也从外部自恋满足的丧失转移到了诸如自尊等内部安全感的丧失。如瑞多（Rado，1989）强调了自尊的需要，认为抑郁是在丧失了他人的赞同后为了恢复自尊而进行的自我惩罚。比波瑞（Bibring，2013）则指出，抑郁不仅仅是由于丧失了别人的爱而造成的，还反映了控制自尊的自我机制的障碍。当个体不能达到目标时，自我机制就会发生障碍，从而导致抑郁的形成。

（三）抑郁的行为主义理论

行为主义理论强调社会强化对抑郁形成的影响。抑郁产生于个体在与他人的社会交往中没有获得肯定性的强化。根据这一理论，个体的一些特征（如年龄、性别和吸引力）、技能的缺乏或环境因素，使个体的正强化减少，从而使其活动次数减少，活动次数少又降低了正强化的可能性，从而形成了恶性循环，最终导致了抑郁的产生。所以，当个体在其社会行为中得到较少的肯定性强化时，容易产生消沉、沮丧和抑郁的情绪，这种情绪又可诱发低自尊、悲观与罪恶感。

（四）抑郁的人本主义理论

人本主义理论强调个体的自我成长、自我潜能受到的削弱或阻碍在抑郁形成中的作用。人本主义心理学家认为，个体有扩展、丰富、发展和完善自我的潜能，人应当力求达到更高成长水平，实现人所具有的潜能，否则，人就会有一种莫名的烦恼和无意义感。罗杰斯（Rogers，1962）认为，任何人都有着积极的、奋发向上的、自我肯定的、无限成长的潜力。如果个体的某些经验与其自我结构不和谐，即个体对自己经验的知觉出现歪曲或否认，使人的成长潜力受到削弱或阻碍，便会表现为心理病态和适应困难，从而导致抑郁的产生。马斯洛（Maslow，2003）则认为，一切人都拥有一种对于成为自我实现的人的先天性追求或倾向。他将人类的需要分为生理需要、安全需要、归属和爱的需要、尊重的需要、自我实现的需要这五个层次，并且呈梯形排列，只有低层次需要满足之后才产生高层次的需要。马斯洛（2003）认为，尊重的需要包括他人的尊重和自我尊重两个水平。他人的尊重是基础，可能是名誉、敬仰、地位、威信或社会成就等；当人们感到自我尊重时，便会拥有自信，产生价值感，否则就会产生自卑、抑郁情绪。

（五）抑郁的社会认知理论

抑郁的社会认知理论以贝克（Beck）与阿布拉姆森（Abramson）为代表人

物。贝克在 20 世纪 60 年代提出了抑郁的认知理论及建立在其基础上的认知疗法，引起了心理科学工作者广泛的研究。80 年代末期，贝克对自己的认知理论作了修正，阿布拉姆森等提出了抑郁症的社会认知理论，使抑郁症的认知、社会心理因素研究得到了很大的发展。

（1）抑郁的认知理论。在 60 年代初，贝克对抑郁病人与正常人的思维方式进行对照研究，结果发现，认知因素在抑郁障碍中占有极为重要的地位。贝克在 1967 年提出了情绪障碍的认知理论，他认为抑郁是消极性认知的结果，类似的环境刺激，对不同的个体会产生不同的影响。人们之所以形成抑郁，是因为他们用消极的方式来解释自己的体验。1977 年，贝克创立了针对抑郁症的认知行为疗法，并逐渐形成抑郁症的认知理论模型。贝克认为，所谓"认知"一般是指认识活动或认识过程，包括信念和信念体系、思维和想象。认知过程一般由 3 部分组成：接受和评价信息的过程；产生应对和处理问题的方法的过程；预测和估计结果的过程。

（2）贝克提出了抑郁症的病理心理学模型。他认为，抑郁症以认知过程的歪曲为突出表现，产生了对自我、未来和世界的消极看法。他的病理心理学主要包括 4 个方面，即抑郁认知三联征、自动性思维、认知歪曲和潜在的抑郁性认知图式。

认知三联征：主要是指抑郁病人对自身、周围世界及未来三方面的消极评价。三联征中第一联是指对自己的消极评价，认为自己有缺陷、没有能力、力不能胜，因此总是感到不愉快。第二联是指病人对经历的消极解释，对自己要求过高，认为在现实生活的道路上有不可克服的障碍。第三联是指以消极的态度认识未来，认为现在的问题总得不到解决，未来的生活中也充满着困难、挫折，对未来不抱希望。

自动性思维：贝克把自动性思维定义为是一种特定的、抽象的、自动出现、很难转变的认知。它是介于外部事件和个体对事件的不良情绪反应之间的那些思想。大多数病人并不能意识到在不愉快情绪之前会存在这些思维，因为这些思维已经构成他们思维方式的一部分。贝克认为，自动性思维影响情感和行为，思维歪曲和消极性思维是抑郁症的重要特征。抑郁症的其他典型症状（如动机缺乏、消沉、兴趣丧失、自杀企图）都受到歪曲性思维的影响，而且这些自动性思维的出现是自动的、不随意的和持续存在的。由于自动性思维的影响，贝克认为，抑郁个体对特定事件的主观看法和客观实际是不一致的，他强调个体对事件主观的解释对情绪反应影响很大。

认知歪曲：贝克认为认知歪曲是个体对客观现实的错误解释或错误知觉，在这种情况下，抑郁个体得出的结论使他们的消极期望更加坚定。抑郁症病人常见的认知歪曲有：任意推断，在无证据的情况下推断得出结论；选择性注意，所得出的结论只来自许多可能性中的一种；过度泛化，从一个琐细的出发点得出很大的结论；扩大或缩小，即把事情推向两个极端。

抑郁性认知图式：图式通常被认为是影响信息编码、贮存和提取的认知结构，包括过去反应和体验形成的，指导以后知觉与评价的知识体。自我图式则被认为是自我的认知概括，组织和指导关于自我的信息加工。按照贝克等的观点，一些早期创伤经验使某些人关于自我的图式发展为消极的模式，这种图式持续存在，并成为消极性自我概念的基础，从而导致对自我及客观现实的消极选择性解释与错误知觉，使其更易患抑郁。

认知理论虽然提出了与抑郁的产生有关的认知因素，但关于认知因素和抑郁症的因果关系并不十分肯定。有抑郁性认知因素的个体并不都产生抑郁症，而有些抑郁症病人没有抑郁性认知。另外，抑郁症水平和认知因素之间的因果关系也没有明确的研究成果，究竟是抑郁症状导致抑郁性认知，还是抑郁性认知导致抑郁症，一直没有肯定的结论。

（六）抑郁的易感性—应激理论

Meehl（1997）在阐述精神分裂症的产生原因时提出精神分裂症可能是由于患者自身所具有的某种精神病素质和环境相互作用引起的，这里的精神病素质主要是指遗传等生物学因素，后来这一理论迁移到了对抑郁症的解释上。早期的抑郁症素质—应激模型也只遵循了这一观点，把抑郁症素质理解为生物遗传因素。但最近几年研究者们发现，各种社会心理因素对抑郁的产生也发挥着重要的作用，如生活事件、个性品质等。针对易感因素的不同，研究者们提出了不同的理论模型，如认知易感—应激模型、人际交往易感性模型、自尊易感模型等。Monroe 和 Hadjiyannakis（2010）认为这些模型都有一个基本假设就是认为所有人都有可能发展为精神障碍的素质，每个人都存在一个触发点，这个点的位置以及触发取决于个体经历的应激事件强度与具备的易感性素质之间的相互作用。认知易感—应激模型是抑郁易感性研究中最具有代表性的理论，在抑郁理论中认知易感性与易感性几乎是等同的。

（七）抑郁的归因方式理论

抑郁的归因理论是 20 世纪七八十年代，由美国心理学家塞里格曼（Seligman）与阿布拉姆森等从归因方式的角度提出的关于抑郁的认知理论。该理论提出后，引起了心理学界广泛的关注，近二十年来已成为抑郁研究的热点。

1975 年，塞里格曼首次将动物无助感实验的结果用于人类抑郁的解释，形成了最初的习得性无助理论。其基本观点是，当个体发现自己无论作什么努力都无法控制环境中发生的事件时，就会认为自己是无助的，继而产生抑郁，并丧失行动的动机。习得性无助理论无法解释低自尊的人产生抑郁的原因，也无法解释抑郁在转归上的不同。

1978 年，塞里格曼及其同事阿布拉姆森引入了社会心理学中归因方式的概念并对上述理论进行了修正。归因是指将行为或事件的结果归属于某种原因，而归因方式就是一个人所具有的归因认知的方式以及由此所产生的特有的归因倾向。修正后的习得性无助理论从三个维度考虑人们对事件的归因：内部—外部维度、稳定—不稳定维度和全面—特殊维度。他们认为抑郁者的归因方式是将负性事件归因为内部的、稳定的、全面的原因。归因的每个维度都对抑郁的产生起到特定的作用，抑郁的产生在很大程度上取决于归因。

1989 年，阿布拉姆森等对上述理论进行了修正，它强调了无望感在抑郁形成中扮演着重要角色，认为无望感是产生抑郁最接近且充分的原因，而无望感和抑郁在个体将负性生活事件归因为内部的、稳定的和全面的原因时，最容易发生。因此，这个理论被称为抑郁的无望感理论。无望感的认知，引出了一个新的概念——无望型抑郁，即抑郁的一种亚型，表现为悲哀、自暴自弃、缺乏活力、冷漠、精神萎靡、睡眠障碍、注意力不集中等。无望感理论认为，当经历一个负性事件时，具有抑郁性归因方式的人比非抑郁性归因方式的人更易体验到无望感，从而产生抑郁，尤其是无望型抑郁。

1993 年，迈特斯克（Metalsky）等整合了无望感理论和自尊理论，认为归因方式—低自尊—失败三者合并，通过无望感的中介作用可以预测抑郁的发生，而高自尊可以成为归因—失败导致抑郁这个过程中的一个缓冲因素，同时，抑郁反过来又会进一步强化消极的归因方式。

因此，抑郁的归因模式可概括为：负性事件（应激）与消极的归因方式共同作用导致了抑郁的产生，而无望感和低自尊在这个过程中起了中介的作用，反过来，抑郁又通过无望感进一步降低了自尊，强化了消极的归因方式，形成恶性循环。

（八）抑郁的自尊理论

第一，布朗（Brown）的自尊与抑郁模型。布朗强调自尊作为一个易感因素与应激性生活事件共同对抑郁起作用。布朗等对自尊与抑郁之间的关系进行了深入的研究，他们发现许多抑郁的妇女先前经历过应激性生活事件，但并非所有经历过应激性生活事件的妇女都会抑郁。某些社会特征，包括幼年丧母，以及成年期缺乏亲密、可以依赖的关系都会使一个人更容易产生抑郁。由此，他们推断，这些因素通过降低自尊，使人们易于产生抑郁。据此，布朗提出了自尊与抑郁模型，认为先前的社会经历，包括童年丧母和成年期失去爱人或者缺乏亲密关系，导致了低自尊归因特质，产生无望感，低自尊与后来的消极生活事件结合起来，加大了人们产生抑郁的可能性。

第二，抑郁的自我价值关联模型。抑郁自我价值关联模型从自尊的本质入手，强调人们对自我提高需求的满足，认为抑郁者有高条件性的自我价值感。自我价值感是指暂时性的自尊状态。该模型的前提是人们尽量满足自我提高的需求，即让自我感觉变得良好。容易抑郁的人具有高条件性的自我价值感。当某些条件得到满足时，他们自我感觉良好，反之，则自我感觉较差。根据这个模型，高条件性自尊是抑郁的一种素质，当消极生活事件威胁到这些自我价值的条件时，具有高条件性自尊的人觉得以后自己再也不能满足自我提高的需求了，因此抑郁就产生了。

抑郁的自我价值关联模型最初由精神分析学派的心理学家提出。他们认为有抑郁倾向的人具有过高的人际依赖需求。他们拼命追求他人的赞同和认可，当这种追求失败时，抑郁就产生了，这种情况类似一个年幼的孩子渴望得到他人永久的、百分之百的关注和爱。

抑郁的相符模型（congruency models of depression）对自我价值关联模型进行了总结，该模型认为，两种人格类型有抑郁倾向。当消极的人际事件发生时，条件性人际定向的人比条件性成就定向的人更容易抑郁；而当与成就有关的应激事件发生时，条件性成就定向的人比条件性人际定向的人更容易抑郁。该理论得到了一些实证研究的支持。但也有研究认为，条件性人际定向的人容易受消极人际事件的影响，而条件性成就定向的人并不容易受到与成就有关的消极事件的影响。

（九）抑郁的人格理论

人格与抑郁症之间有很复杂的相关性，有许多的研究文献报告了人格障碍和抑郁症之间的关系。在理论研究中，人们更多地用人格维度而不是人格特质来描述人格和抑郁症之间的关系。按照艾森克（Eysenck）的人格结构理论，维度比特质更为概括，范围更广，它属于类型水平；而特质水平被包括在类型水平内，例如外倾维度包括了冲动性、活动性、社会性、易激惹性等特质。维度水平是高阶人格，而特质水平属于低阶人格。

高阶人格因素与抑郁：神经质（neuroticism）是一个主要的高阶人格维度，它是人格类型中情绪不稳定、易怒、焦虑、易变、易激动、冲动等特质的综合，高神经质的人倾向于体验许多负性的情绪状态。外倾（extraversion）是一个稳定的、可遗传的、具有较高概括性的人格因素，它与内倾相对应，也是一个重要的人格维度。外倾性与人格有极为重要的关系，不能割裂二者的关系而单独研究外倾与抑郁症之间的关系，必须结合神经质、外倾及抑郁症三者来考察它们之间的关系。

低阶人格因素与抑郁：许多心理学家已把社会依赖性、自律自责性和完美主义人格倾向看作是抑郁素质，是抑郁发生的易感性因素。社会依赖性高的人过分关注与他人的人际关系，有依赖他人的思维、信念、感觉和行为的情结。当他们的人际关系出了问题时，就会变得抑郁，沉溺于失落感和被遗弃感之中；自律自责性这一类人较为关注内在标准和目标的实现，当追求的目标受挫，不能实现其理想时，就会自责，并变得抑郁，陷入不适和失败的情绪之中；而完美主义者的完美性标准增加了知觉到的失败的频率和范围，这就容易引起抑郁症。完美主义可分为两个维度：指向自我的完美主义和指向他人的完美主义。较高水平的自我完美主义可能特定于抑郁症，而他人朝向的完美主义与各种适应不良有关。海威特（Hewitt）还认为，自我朝向的完美主义和与成就感相关的紧张感结合可以预测抑郁症的严重程度。对完美主义这一人格特质的测量是最近才开展的，它与抑郁症之间关系的研究文献不多，还需要进一步深入研究。

艾里克森认为，有抑郁倾向的人多数存在自我同一性混乱或者矛盾。他认为，有抑郁倾向的大学生大多没能建立起自我同一感，使他们不能正确认识自我、评价自我以至于根本不能接纳自己，从而产生了一种主观无能感，既对自己丧失信心，失去了对环境的控制能力，也失去了对自身情感和思维的控制能力。一旦孤立无助的情绪状态持续时间较长，就极容易陷入抑郁。

（十）抑郁的素质—压力理论

抑郁的素质—压力理论不是一种具体的理论，它是一种解释抑郁现象的理论框架。它认为个体的抑郁性素质（如人格、归因、自我、应对、各种生物素质）和压力事件（如急性事件、慢性长期的困扰）二者共同作用而使个体产生抑郁。

抑郁的素质有多种，如人格、归因方式、应对方式，可以称为心理素质或认知素质。除此之外，还有生物素质，包括家庭遗传以及一些与抑郁有关的生理学方面的素质。到目前为止，并没有发现用某一种素质能够完全解释抑郁的发生，因此，抑郁性素质具有非特定性。这些不同形式的素质可能通过不同的机制产生作用。西蒙（Simons）等（1996）通过理论分析，认为关于素质的特征有两种观点：一是素质的"全或无"的观点，认为素质在抑郁发展中有阈限存在，即具有阈限之下素质的个体不会产生抑郁，而具有阈限之上素质的个体容易产生抑郁。另一种观点认为素质不是二分的，而是"准连续体"。当个体的素质低于阈限时，不会产生抑郁，而当高于阈限时，素质就存在不同程度的连续效应，即素质越高，抑郁产生的概率也就越大。

应激性因素则是各种社会刺激，如灾难性生活事件、日常生活事件等。凯斯勒（Kessler，2006）总结了相关研究成果，认为：（1）生活事件和严重抑郁的产生有联系；（2）生活事件和抑郁之间关系的强弱受生活事件测量方法的影响；（3）生活事件强度与抑郁强度之间存在剂量反应关系（dose-response）；（4）在这些研究中，严重生活事件非常普遍，多数抑郁病人报告出在抑郁产生之前有严重事件发生，但在发生这种生活事件的人中，只有少数人变得抑郁。

在某种程度上，素质—压力理论框架涵盖了人格、归因和自我认知理论的内容，将前三者统一到了一个理论框架中。但素质与压力之间的关系究竟如何？西蒙等（2003）学者认为，二者之间至少存在三种关系。一是素质和压力共同构成抑郁产生的必要条件，二者缺一不可。在这个模式中，素质以两种不同水平的方式起作用，它提高了压力产生的可能性，这是抑郁产生的必要条件。但素质推动的事件并不是抑郁产生的必要条件，因为与素质或个人行为无关的事件也可以激发素质并产生抑郁。第二种关系为，素质是抑郁产生的唯一必要条件。压力是影响较小的因素，是素质的一个结果，或者是抑郁产生的一个结果。从这个角度来看，压力对病因起着很小的贡献，或只是一种副现象，所以压力并不是决定抑郁产生的重要因素。第三种关系为，抑郁产生的唯一必要条件是压力。特定的压力是引发抑郁的基本要素。素质在该理论模式中不是基本成分，没有素质的作用，抑郁也可以发生。素质的存在仅仅是增加压力产生的可能性。此观点为抑郁影响因素的研究提供了一种新的模式和思路，指出了抑郁产生的多种可能的机制及多元化的影响因素，使得抑郁研究趋于全面化。

（十一）贝克的认知易感理论

贝克是最早关注认知过程在抑郁形成中的作用的理论家。他在临床中发现这些病人存在某些特定的信念，这些信念主要是个人对事物的歪曲认知。但是病人却没有意识到，这些信念是自动地、不受意识控制地出现在病人的内部对话中，并被认为是理所当然的。只有通过诱导病人才可能发现自己存在这些信念。贝克认为抑郁的出现主要是由于以下原因：抑郁症患者存在功能失调性态度，它是个体在童年早期形成的对世界和自我僵化的认知，如要求自己完美、渴望他人的认可等。这种功能失调性态度是自动快速出现的，不受意识控制，并常常伴随不良情绪。这些消极想法充斥于患者的内部语言（包括自我评估、归因、期望、推论等，并表现为低自尊、自我批评、自我责备、对经验的消极解释等），同时他们采用过分概括化、极端化或者夸张等不合理思维对事件进行认知，这不仅会夸大消极事件，甚至会将那些常人认为积极的事件选择性忽略或者认为它也是消极的。抑郁症病人对他们经验的解释被一些特定的绝对信念所塑造，比如"我没有价值""我什么都做不对""我是不可爱的"。他们会依据相应信念解释任何与自我价值、能力、社会期许有微弱相关的情境。当特定生活经验和这些信念（图式）冲突时，就可能促发抑郁。这种歪曲的信息加工方式最终就导致了临床上的抑郁症状，而抑郁症状反过来又加重了消极观念，二者螺旋上升导致抑郁的加重。

三、抑郁的易感模型

（一）应激—压力—心理危机模型

分析心理危机的发生条件，可以发现心理危机主要由应激源（生活中出现的导致心理压力的重大或意外的事件）和应激反应（躯体和意识出现不适感觉）两大部分构成（许红艳，2008）。研究显示，应激性生活事件可以改变神经系统、内分泌系统等的功能，造成生理障碍，进而影响个体的健康。

当刺激相对于个体过于强烈或持久时，机体维持体内环境的平衡状态就会被打破，出现一系列生理、心理和行为的变化，这时个体就处于"应激"状态。1936 年加拿大著名生理学家、被称为"应激综合征之父"的 Selye，借鉴经典条件反射"刺激—反应"模型来探讨多元性身心障碍时创立了新的应激模式"应激源—应激反应—结果（适应的或适应不良的结果即心理障碍）"促进了应激的生物学反应方面的研究。

面对同一应激源，不同的人对此会有不同的表现，有的人镇定自若，很快就能找到应对应激的方法，安然度过；而有的人则表现出强烈的应激反应，甚至深陷心理危机之中。为什么面对同样性质、同样强度的应激源，每个人的反应会如此不同呢？这就涉及危机易感性的问题。个体心理危机的易感性指的是个体对重大生活事件是否达到心理危机的敏感程度。Coyne 指出应激包括应激源、中介变量和心理生理反应三部分，其中，中介变量主要包括认知评价、应对方式、社会支持和控制感等。

（二）自我价值依托—丧失—自杀模型

根据自我价值定向原理，假定自杀是一种选择，且是一种无奈的选择，即如果个体丧失自我价值依托，同时又缺乏其他让步自我价值支持途径（即退一步还可以找到自我价值支持理由），则会出现自我价值感的危机。这种危机要是没有及时被其他自我价值支持力量所挽救，个体就趋向于选择自杀，结束自认为存在价值已经丧失的生命。

根据这种假定，金盛华（2010）推定出一个"自我价值依托—丧失—自杀理论"。假定无论是中国还是美国的大学生，其自杀意向与自我生命价值评判及社会支持的状况之间有密切的关联。个体自我生命价值评判越消极，社会支持越少，自杀意向也将越强。抑郁大学生的典型特点是习得性无助，这种习得性无助会导致自我价值感的丧失。研究的结果表明，"自我价值依托—丧失—自杀"模型与测量数据高度拟合，对中美大学生样本都是很好的自杀意向预测模型。

（三）抑郁的易感模型：遗传与社会心理因素的共同作用

已有的研究表明，抑郁既受到遗传，如基因等因素的影响，同时也受到环境，如社会心理因素的影响，遗传与环境对抑郁共同发挥作用。

双生子研究发现，抑郁症受大约 37% 遗传因素影响[1]。然而，近几年来多个全基因组关联分析（genome-wide association study，GWAS）并没有识别出单一的基因易感位点[2]，这一结果可能的解释原因主要是：（1）抑郁症易感性是多基因变异的集合效应，而当前的 GWAS 研究统计效能较小，不足以鉴别出和疾病相关的单个核苷酸变异位点。（2）抑郁症本身具有相当的异质性，目前定义可能包含了多个不同遗传因素组合形成的多组疾病的表型。通过不同的症状表型与之对应的遗传因素联合解释抑郁症的异质性可能是一种未来的出路。双生子研究表明，抑郁症的基本归因因素包括 3 大类神经功能（精神运动性/认知障碍、情感障碍、植物神经障碍）以及决定此 3 类功能的基因因素。不同维度的症状可能由相应的神经环路结构/功能紊乱所致，而调控环路结构/功能的基因表型及功能研究相对透彻，已经有大量候选基因可供研究[3]。前人对一些与应激、抑郁相关的候选基因，如五羟色胺、多巴胺、谷氨酸盐等多种神经递质在整个生理过程中不同环节（合成、调控、分解、再摄取等）的相关基因，都进行了研究[4]。其中五羟色胺（5-hydroxytryptamine，5-HT）受到了广泛关注，前人发现抑郁症在五羟色胺

① SULLIVAN P F，NEALE M C，KENDLER K S. Genetic epidemiology of major depression：review and meta-analysis [J]. American journal of psychiatry，2000，157（10）：1552-1562.

② FLINT J，KENDLER K. The genetics of major depression [J]. Neuron，2014，81（3）：484-503.

③ MEYER-LINDENBERG A. The future of fMRI and genetics research [J]. NeuroImage，2012，62（2）：1286-1292.

④ JIE M，WEI D，WANG K，et al. Imaging genetics of major depression disorder：exploring gene-environment interactions [J]. Journal of psychological science，2016.

通路功能（包括受体、代谢活动水平等）上都发生改变。临床常用药物氟西汀、帕罗西汀、舍曲林等选择性 5-HT 再摄取抑制药，以该通路作为治疗靶点。五羟色胺从突触间隙到突触前膜起作用这一关键过程取决于五羟色胺转运体（5-HTT）的数量和结合能力，而五羟色胺转运体启动子连锁多态性（serotonin-transporter-linked polymorphic region，5-HTTLPR）可能在此环节影响大脑神经活动以及个体情绪。

同时，抑郁受到环境、社会和心理因素的影响。如消极认知、习得性无助、应对方式、归因方式等。Beck 首次提出抑郁的认知模型理论，认为抑郁发生、发展的主要原因是抑郁症病人获得和加工较多的负性偏差信息[①]。具体来说，个体大脑中已有的知识经验（即图式）是影响个体对外界负性刺激进行编码、组织、存储以及提取的关键因素。它决定着个体如何解释所经历的事件。早期负性事件、基因以及个体认知、人格特点是导致个体产生负性自我参照图式的主要因素。如果个体在早期遭遇了一些重大的生活创伤事件（如家庭暴力、性虐待等），它们可能使个体产生负性自我参照图式。在以后生活中，个体遇到其他应激事件（如失恋等）时，负性自我参照图式可能被激活，它将使个体对自己、周围环境以及未来产生有偏差的负性信息加工。最新脑成像研究发现，偏差的信息加工可能是由认知抑制缺陷导致的[②]，随后，信息加工偏差会导致个体产生沉浸式反应方式，进而使个体对自我、周围环境以及未来产生持久的负性认知加工，并最终导致个体长期处于抑郁状态。习得性无助理论认为，当个体面对不可控事件时，动机将减弱并形成不可控期望，当个体重复经历不可控事件时，不仅对不可控事件产生不可控期望，也将泛化到其他不相干事件上，进而产生无助感和消极行为，最终导致抑郁。Abramson 等将社会心理学里的归因概念引入到了习得性无助理论，认为无助感不是个体经历的必然结果，而是取决于个体的归因方式。他认为个体只有将负性事件归因为稳定的、普遍的以及内部的原因时，

① BECK A T. The evolution of the cognitive model of depression and its neurobiological correlates [J]. American Journal of psychiatry，2008，165（8）：969-977.

② WAMG X L，DU M Y，CHEN T L，et al. Neural correlates during working memory processing in major depressive disorder [J]. Progress in neuro-psychopharmacology and biological psychiatry，2015，56：101-108.

才会产生抑郁。

　　抑郁症是一种基因与环境交互影响的异质性重大精神疾病，Caspi 等发现，5-HTT（serotonin transporter）基因对压力导致的抑郁起到了调控作用。而环境因素（压力事件等）起到主要的诱发作用①。而基因与环境因素对个体心理因素、大脑神经活动或结构与抑郁之间的关系起到哪些影响还不清楚，个体心理因素是否和环境因素存在交互作用，大脑起到中介作用、调节作用还是其他影响，这些因素是如何共同作用于抑郁的还有待进一步研究。

---

　　① DISNER S G，BEEVERS C G，HAIGH E A P，et al. Neural mechanisms of the cognitive model of depression［J］. Nature reviews neuroscience，2011，12（8）：467-477.

第三章
大学生抑郁的现状研究

第一节　调查背景与方法

一、调查背景

（一）抑郁的界定

抑郁（depression）是一种以思维迟缓、兴趣减退以及语言动作减少为主要特征，并伴有自杀意念的情绪表现。抑郁的症状表现有多种，主要体现为日常生活中的睡眠障碍（失眠或嗜睡）、厌食、注意力减退、焦虑和低自我评价等。抑郁是一种情绪障碍，不仅会直接影响人的机体健康，严重的抑郁还可能会影响个体的动机、情绪和认知功能，最后还有可能会导致个体产生自杀行为。

对于抑郁含义，国内外存在多种界定。在国内，中华医学会精神病学分会于 2001 年制定的 CCMD-3（中国精神障碍诊断与分类标准第三版）将抑郁症状界定如下：①个体丧失兴趣以及无快乐体验；②自我评价过低，有内疚或自责感；③自主思考能力下降或联想困难；④有严重运动性不安的焦虑或精神运动性迟滞；⑤有疲乏感或精力衰退；⑥性欲望减退；⑦体重明显减少或食欲降低；⑧脑海经常浮现想死的念头或出现自杀或是自伤的行为；⑨出现失眠、早醒或睡眠过多等睡眠障碍。当个体在没有任何原因的情况下或是在一定环境因素的影响下出现以上症状中的四种症状，且这些症状持续两个星期以上还不能得到缓解，并对个体的社会功能（学习与工作能力）产生影响时，就可以考虑个体是否受到抑郁症的困扰。刘凤瑜（1997）认为，抑郁指的是个体对日常生活和学习中的一些不良情境或事件的一种反应，是一种不愉快、悲伤或精神痛苦的情形，可能是暂时的或持久的一种消极情绪状态。孟昭兰认为，抑郁和一般的悲伤不同，其是多种消极情绪叠加的体验，包含了悲伤、痛苦、厌恶、忧郁、疑虑、内疚以及羞愧感等多种消极情绪体验，因此抑郁比任何单一的消极情绪体验更为强烈且持续时间更长，给个体带来的痛苦体验更多。

在国外，DSM-Ⅳ精神疾病诊断手册（1994）将抑郁定义为在通常令人满足的活动中具有兴趣或快感缺乏、疲劳、睡眠障碍、体重和食欲变化、注意力不集中或决策困难、精神运动性迟滞与激越、自罪自责、无价值感和无望感、悲伤或易怒和自杀观念等特征的一种精神障碍。美国心理学家Angold（1996）对抑郁做了如下表述：①抑郁是正常心境转向情绪低落、消极的波动状态，即个体负面情绪的一面；②抑郁是一种不愉快、悲伤或精神痛苦以及面对消极事件和情景时的反应；③抑郁是一种个体相对稳定的、持久的愉快感缺乏的特征；④抑郁是一种心境处于病理性的低下或恶劣的症状。Harrington（2005）认为抑郁是一种比较常见的消极情绪状态，会对个体的生活、工作以及学习等方面产生不好的影响，而且严重的抑郁不仅会影响个体的情绪和动机，还会导致个体产生自杀行为。

综上所述，本研究将抑郁界定为一种常见的且具有弥散性的消极心境状态，其主要表现为心情低落、态度冷淡、无精打采、对许多事情都缺乏兴趣以及产生消极的自我感受等，与临床上的抑郁症相区别。

（二）抑郁的分类

根据抑郁发生水平的不同，研究者将其分为三类，分别是抑郁情绪、抑郁行为的症状以及基于临床诊断的抑郁性神经症。而根据抑郁的临床表现，按照其程度和性质的不同，又可将其分为抑郁状态、神经症性抑郁和精神性抑郁症。抑郁情绪是指个体悲哀、不幸福和烦躁的心境，是个体对环境和内在刺激的一种消极情绪反应。抑郁状态与抑郁情绪相似，是指针对日常生活中所体验的一个或几个具体目标表现出来的情绪低落。抑郁行为的症状是由个体行为问题引起的自身消极情绪的现象，其与个体的社会问题、思维问题以及攻击与过失行为密切相关。抑郁性神经症属于临床抑郁，是严重的抑郁状态，是个体因长时间受到抑郁影响而使社会功能受到严重影响的状态，具体体现如下：①难以集中注意力；②食欲减少；③出现失眠、早醒或睡眠过多等睡眠障碍；④容易疲倦；⑤自尊水平低下；⑥绝望感；⑦脑海经常浮现想死的念头或出现自杀、自伤的行为。精神性抑郁症也属于临床抑郁，但与神经性抑郁症不同的是其致病因素均来源于身体内部，且容易受遗传因素的影响，常伴有生理方面的失常，并且和精神疾病类似，患者容易对自身处境进行错误的判断，做出社会准则不允许的异常行为，精神性抑郁症一般很少出现在大学生群体中。

（三）大学生抑郁

据世界卫生组织（2019）统计，全球抑郁症患者约为 3.5 亿，其中中国患者约占 6.9%。有资料显示，10%～15% 严重抑郁症患者为摆脱抑郁的折磨选择自杀，30%～70% 自杀死亡与抑郁相关，三分之二的抑郁症患者有自杀观念。在现代社会的发展要求下，大学生面临着各种机遇和挑战，同时也面临着来自社会生活中各个方面的压力。因此，大学生是一个易于遭受抑郁侵袭的群体，社会需要给予格外的关注。目前，国内外有大量关于大学生群体的抑郁状态等方面的调查研究，以帮助大学生更好地预防和治疗抑郁。通过文献检索得知，大学生抑郁心理与性别、家庭状况、人际关系、就业形势、恋爱状况、学业压力有关；女生较男生表现出抑郁症状的可能性更高；父母对孩子的心理影响比较大；人际关系差容易引发自卑、失落等消极情绪；就业的压力推动了抑郁情绪的产生；恋爱对抑郁具有保护作用。因此，了解大学生抑郁现状，分析造成大学生抑郁的因素，从而有效地干预大学生的抑郁症状、疏导大学生的抑郁心理是十分必要的。

1. 大学生抑郁国内研究现状

已有的国内研究显示，我国大学生抑郁症状检出率为 29.3%。另有研究显示，24%～55% 的大学生患抑郁症状的程度不同。抑郁明显影响到大学生个体的主观幸福感和生活质量，杜召云等（1999）的研究结果显示，大学生轻度抑郁检出率为 42.1%，重度抑郁检出率为 2.1%。沈阳精神卫生中心（2015）精神疾病流行病学调查统计结果表明，中国大学生的抑郁症患者占其总人数的 24%，且在名牌大学中，大学生抑郁症患者达到其总人数的35%。吴世珍等（2016）的研究结果显示，大学新生抑郁检出率为 9.8%，艺术类学生抑郁检出率为 18.2%，明显高于工学、管理学、经济学、理学和医学专业，农村生源学生抑郁检出率为 10.8%，明显高于城市学生的

8.2%。姚晓茹（2007）的研究发现，有抑郁情绪、抑郁综合征和抑郁症的大学生占到总数的千分之五到千分之十。抑郁症已成为大学生心理健康问题的重要表现，并直接提高了大学生的自杀率。大量研究表明，与大学生抑郁症高发现象相关的主要因素有人格问题、学习压力、负性生活事件（吸烟、饮酒、药物滥用、网瘾等）、人际关系与适应性障碍、情感问题、就业压力等。在中国，吴洪辉等（2013）选取了2003—2012年61篇采用自评抑郁量表（SDS）开展的有关大学生抑郁的研究报告，运用元分析方法研究发现，大学生抑郁情绪的检出率普遍都在20%以上。2003—2012年大学生抑郁的平均效果量为0.80，显著高于常模，并且随着年份呈逐渐上升的趋势。

2. 大学生抑郁的国外研究现状

在国外，Ahmed等（2010）对1990年9月—2010年10月共2303篇文献进行筛选，最终对其中24篇来自不同国家和地区的大学生抑郁研究的相关文献进行了分析。研究发现，大学生抑郁患病率范围从10%到85%，加权平均数为30.6%。在加拿大，自杀成为造成15～24岁年龄层死亡的第二大原因；在美国，10%的高校学生自我报告说有过自杀的企图。国外研究表明大学生群体的抑郁发生率要高于一般人群，大学生抑郁情绪检出率大约是20%。ACHA（美国全国大学生健康协会）对11777名在校大学生进行调查研究，其统计结果表明伴有抑郁症或是曾经发生过抑郁症的学生大约有14.9%，而对于那些曾经患有抑郁症并进行过药物治疗的约占35.9%。Beiter和Nash等调查了美国某所大学的学生，统计结果显示有33%的人患有不同程度的抑郁症，其中轻度约占10%、中度约占12%、重度约占6%、极严重约占5%。Riziv和Qureshi等（2012）研究了巴基斯坦的一些大学生，发现抑郁的检出率高达40.9%，而轻、中、重和极严重所占比例分别为9.09%、16.67%、13.64%和1.52%。通过以上研究结果可以发现，国外大学生的抑郁现象是普遍存在的。

二、问题提出

（一）已有研究的不足

根据已有文献，从心理学的角度看，抑郁症状的形成涉及多方面的因素，而以往的有关研究则更多是试图从某一侧面来给抑郁进行解释，具有较大的局限性：

（1）社会认知理论虽然对抑郁的病因学研究提出了很好的途径，但是此类研究之所以至今仍不能取得一致的结论，可能在于它们忽略了应激源与抑郁之间存在的其他因素的影响，比如人格、社会支持的影响。因为尽管负性认知是一个重要的抑郁易感因素，但它不是全部。而另一些侧重于社会支持与抑郁关系的研究则又忽略了认知、人格特征方面的因素。在对大学生群体的环境、认知因素与抑郁的相互关系的探讨中，抑郁大学生的负性认知模式究竟如何，哪些认知因素造成抑郁的易感性，对这些问题也缺乏进一步的研究。

（2）抑郁作为大学生群体中常见的心理问题，其发生发展与生活事件、应对方式、人格等社会心理因素的关系十分密切。但已有的研究只是对大学生上述变量进行了初步探讨，缺乏对生活事件、应对方式、人格及其基因方面的综合考量。

（3）研究样本大多局限于临床抑郁患者，对于非临床抑郁群体的研究则较为少见。尤其是对大学生群体抑郁的研究相对较少。国内仅有的几篇有关大学生抑郁的研究取样范围较窄，往往局限于某一类大学，如医科类或师范类等，研究样本缺乏代表性。而且这些研究往往仅侧重于某一方面的因素与抑郁的相关，如仅仅涉及压力和抑郁、社会支持和抑郁、应激源及认知评价与抑郁等，缺乏系统、综合性的研究，因而影响其研究结果的解释效力。

（二）研究意义

研究大学生抑郁具有较好的理论和实践意义。

（1）把基因遗传因素与社会心理因素综合起来研究抑郁症的发病机理与关联因素，具备较好的理论意义与研究价值。

当前，对抑郁的研究呈现两个极端，要么过分强调遗传与生理因素对抑郁的决定作用，认为遗传基因及相关的生理因素决定了抑郁的发生、转归及演变，发现了很多相关基因及易感基因，认为这些基因是抑郁发生的最基本的病理机制；要么过分强调后天环境的成长经历、生活事件、应对方式、人格归因方式等对抑郁起决定作用，认为先天的遗传与基因只是对抑郁的产生和发展提供了可能性，真正决定抑郁发生的是个体所经历的这些环境、社会和心理因素，这些环境、社会和心理因素决定了抑郁是否真正发生。

以上两种观点都在一定程度上揭示了抑郁产生的病理机制，但过分强调其中的一种原因可能并不能充分地揭示抑郁发生的机制，把基因遗传因素与社会心理因素综合起来探讨抑郁的发生发展机制成为研究抑郁的重要手段。

（2）首次应用在抑郁症的高发群体——大学生中，从人格、生活事件、社会支持及应对方式等方面针对性地提出适宜的预防措施，为高校大学生心理健康教育提供新的思路和途径，具有较好的实践意义。

伴随着我国社会和高等教育的迅速发展，在校大学生的规模不断扩大、学生素质和结构都有了深刻变化，大学生的心理状况也呈现出新特点。主要表现为心理不成熟、自我定位高、情绪易波动等，这使当前大学生在成长过程中遇到的心理问题更加复杂、多样和具体。大学生常常会在环境适应、人格发展、自我管理、学业管理、人际交往、交友恋爱、求职择业等方面出现不同程度的心理困扰和问题。大学生很难或无法解决这些心理问题，却又不愿向外界寻求帮助，这易使其产生负性情绪，而负性情绪的累积会导致个体出现抑郁情绪。

抑郁在大学生当中具有相当的普遍性。其中患轻度和中度抑郁症的大学生占比较大，我们需要对这部分学生给予更多的关怀和温暖。他们可能不属于抑郁症患者，但他们却往往急需得到外界的帮助，以使自己摆脱抑郁的困扰。这部分大学生由于他们无法被诊断为抑郁症，所以，往往得不到正规的治疗和必要的帮助。有时甚至也得不到家长、老师和同学的理解，可能长期承受阈下抑郁的困扰，严重影响学习、生活以及个人的成长，有些甚至可能演变为更严重的抑郁症，更有甚者会产生自杀意念，出现自杀行为。在15岁至34岁年龄段的青壮年中，自杀是排在首位的危险因素。抑郁症状可以有效地预测大学生自杀行为的产生，且对大学生轻生意念的预测正确率高达97.0%。其中有抑郁症状的大学生比非抑郁症状者更易产生轻生意念，危险率高达1.86倍，且在女性中诱发率更高。面对大学生抑郁症的高发，我们可以通过情绪反应、生理反应、行为反应和认知反应等主要应激反应做到早干预早预防，同时，这也是目前高校实施危机干预的有效措施。

（三）研究思路

选取有抑郁情绪（流调中心抑郁量表得分大于或等于16分）的大学生270名和正常对照大学生300名，使用流调中心抑郁量表、大五人格问卷、青少年生活事件量表（ASLEC）、领悟社会支持量表和特质应对方式问卷（TCSQ）对其抑郁状况、人格、生活事件、社会支持、应对方式等社会心理因素进行评估；采用标签SNP法确定抑郁和正常对照大学生的5-HT、

TPH、MAO、BDNF 基因的各自三个位点，采用 PCR 对 5-HT、TPH、MAO、BDNF 基因的各自三个位点多态性进行检测，比较抑郁症组和对照组基因分型及等位基因分布；探讨 5-HT、TPH、MAO、BDNF 基因多态性和社会心理因素的共同作用与大学生抑郁症的关系，提出抑郁症大学生的适宜的遗传与社会心理预防机制，为高校心理教育提供新的思路和途径。具体方法如图 3-1：

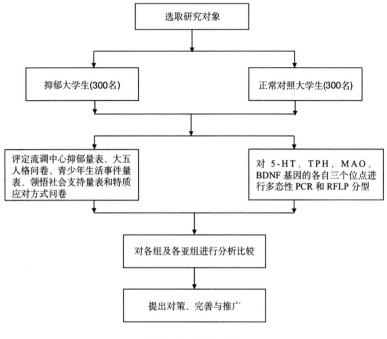

图 3-1　研究思路

三、研究内容

（1）大学生抑郁症基因多态性研究：收集大学生抑郁情绪组和正常对照组各 300 例，提取其 DNA 并进行 5-HT、TPH、MAO 和 BDNF 基因分型，找寻大学生抑郁症易感基因的分型特点。

（2）大学生抑郁症的社会心理状况研究：采用流调中心抑郁量表、人格量表、生活事件、领悟社会支持及应对方式等社会心理量表来调查大学生相关的心理状况。

（3）大学生抑郁症的易感性研究：对抑郁症大学生和正常对照大学生进行 5-HT、TPH、MAO、BDNF 基因多态性和人格、生活事件、社会支持、应对方式等社会心理因素比较分析，从社会心理、基因多态性及二者共同作用三个层面探讨大学生抑郁症的易感性。

（4）大学生抑郁症的对策研究：从遗传、人格、生活事件、社会支持及应对方式等方面针对性地提出抑郁症大学生适宜的预防措施，保护抑郁症大学生的身心健康。

四、研究方法

（1）文献综述法：广泛收集，深入研究国内外抑郁症 5-HT、TPH、MAO、BDNF 基因、社会心理因素和大学生抑郁症文献资料。

（2）问卷调查法：通过流调中心抑郁量表、大五人格问卷、青少年生活事件量表（ASLEC）、领悟社会支持量表（PSSS）、特质应对方式问卷（TCSQ）测查大学生的抑郁、个性、生活事件、社会支持和应对方式等社会心理状况。

（3）分子遗传学研究：提取正常对照组和抑郁症大学生的基因组 DNA，对 DNA 进行溶解，利用标签 SNP 的组合原理确定 5-HT、TPH、MAO、BDNF 基因各自 3 个多态性位点为研究靶点，利用 SNaPshot SNP 分型技术对 300 个抑郁症和 300 个正常对照组大学生样本 5-HT、TPH、MAO 基因各自 3 个 SNP 位点进行 PCR 和 RFLP 分型。

（4）访谈法：对部分高校学生、学生家长、心理健康教师和管理人员进行访谈，探讨遗传与环境对抑郁症大学生的影响。

第二节 大学生抑郁的现状调查

2016 年，对某大学一年级学生的 1258 名学生进行抑郁现状的调查，情况如下：

一、基本情况

采取方便抽样的方式，从某大学大一年级中抽取若干名学生，共发放问卷 1120 份，回收有效问卷 1078 份，问卷有效率为 96%。基本情况主要包括性别、是否独生、家庭所在地、父母婚姻状况、是否留守儿童（儿童期父母离家打工 6 个月以上）、家庭经济条件、成绩等级、父母受教育水平、父母工作类型等，具体调查情况见表 3-1：

表 3-1 被试基本情况 （$n = 1078$）

组别	性别		是否独生		家庭所在地					父母婚姻状况			
分类	男	女	独生	非独生	大城市或省会城市	地市级城市	县城	乡镇街道	农村	初婚	离异	再婚	其他
人数	306	772	470	608	118	268	276	100	316	948	58	60	12
%	28.4	71.6	43.6	56.4	10.9	24.9	25.6	9.3	29.3	87.9	5.4	5.6	1.1

组别	是否留守儿童		家庭经济条件					成绩等级			
分类	是	否	很好	较好	一般	不太好	很差	优	良	中	差
人数	430	648	16	134	712	186	30	176	568	312	22
%	39.9	60.1	1.5	12.4	66.0	17.3	2.8	16.3	52.7	28.9	2.1

组别	父亲受教育水平								母亲受教育水平							
分类	小学及以下	初中	高中	大专	本科	硕士	博士	不清楚	小学及以下	初中	高中	大专	本科	硕士	博士	不清楚
人数	136	384	350	88	86	6	4	24	194	414	302	78	60	6	0	24
%	12.6	35.6	32.5	8.2	8.0	0.6	0.4	2.2	18.0	38.4	28.0	7.2	5.6	0.6	0	2.2

组别	父亲工作类型					母亲工作类型				
分类	单位领导	一般职工	打工	经商	务农	单位领导	一般职工	打工	经商	务农
人数	92	336	252	272	126	42	372	268	200	196
%	8.5	31.2	23.4	25.2	11.7	3.9	34.5	24.9	18.6	18.2

二、抑郁调查结果

对大学生抑郁症状的调查采用流调中心抑郁量表，该量表包含抑郁情绪、躯体症状与活动迟滞、积极情绪、人际关系问题等四个维度，共 20 个条目。该量表采用 1～4 点记分，在测量时要求被试描述他们在最近一周内的抑郁症状程度与发生频率以此来计分，得分越高，说明参与者抑郁症状水平越高，通常以 16 分为分界点。但有些研究者也曾使用不同的分界点，如使用 17 分作为可能存在抑郁，23 分很可能存在抑郁；或使用 28 分作为更严重患者的划界[①]。量表 Cronbach's α 系数为 0.88～0.92，表明信度良好，可适用于我国大学生。本书使用 16 分为分界点来探查大学生抑郁状况。抑郁得分 11.19±7.19，抑郁检出率为 24.7%，与刘梦（2019）调查的甘肃某高校大学生（33.51%）、李素君（2019）对维吾尔族大学生的调查（15.8%）、李田田（2016）调查的山西某高校大学生（19.8%）的检出率近似。本次研究发现抑郁情绪（大于或等于 16 分）的检出人数为 270 人，检出率为 25%。如下图：

表 3-2　大学生抑郁得分的总体情况（$n=1078$）

抑郁分值	人数	检出率
得分<16 分	808	75%
16 分≤得分<28 分	237	22%
得分≥28 分	33	3%

三、人口学资料对大学生抑郁的影响

为更好地了解人口学资料对大学生抑郁的影响，使用 SPSS 24.0 以流调中心抑郁量表 16 分为分界点，采用 χ^2 检验，详细结果见表 3-3：

表 3-3　人口学资料对大学生抑郁的影响（$n=1078$）

类别		抑郁	不抑郁	χ^2 值	显著性
性别	男	70	236	0.372	0.542
	女	196	576		
独生	是	122	348	0.369	0.544
	否	144	464		

[①]　陈祉妍，杨小冬，李新影．流调中心抑郁量表在我国青少年中的试用［J］．中国临床心理学杂志，2009，17（4）：443-448.

（续表）

类别		抑郁	不抑郁	χ^2 值	显著性
家庭所在地	大城市或省会城市	34	84		
	地市级城市	50	218		
	县城	72	204	7.557	0.109
	乡镇街道	38	62		
	农村	72	244		
父母婚姻状况	初婚	226	722		
	离异	16	42	6.066	0.108
	再婚	16	44		
	其他	8	4		
是否留守儿童	是	116	314	1.351	0.245
	否	148	498		
家庭经济条件	很好	4	12		
	较好	22	112		
	一般	184	528	3.324	0.505
	不太好	46	140		
	很差	10	20		
成绩等级	优	28	148		
	良	114	454	18.620	0.000***
	中	112	200		
	差	12	10		
父亲受教育水平	小学及以下	38	98		
	初中	76	308		
	高中	100	250		
	大专	22	66		
	本科	18	68	7.250	0.403
	硕士	2	4		
	博士	0	4		
	不清楚	10	14		

（续表）

类别		抑郁	不抑郁	χ^2 值	显著性
母亲受教育水平	小学及以下	56	138	7.425	0.283
	初中	104	310		
	高中	66	236		
	大专	16	62		
	本科	12	48		
	硕士	0	6		
	博士	0	0		
	不清楚	12	12		
父亲工作类型	单位领导	18	74	3.725	0.445
	一般职工	70	266		
	打工	74	178		
	经商	72	200		
	务农	32	94		
母亲工作类型	单位领导	8	34	2.182	0.702
	一般职工	120	252		
	打工	72	196		
	经商	54	146		
	务农	52	144		

注：*** 表示 $p < 0.001$。

χ^2 检验发现，总体上，性别、是否独生、家庭所在地、父母婚姻状况、是否留守儿童（儿童期父母离家打工 6 个月以上）、家庭经济条件、父母受教育水平、父母工作类型对抑郁影响不显著，其结果可能是由于在选取对象为同一学校跨度不广所以结论不显著，今后研究者可以多选取不同地区不同年级的被试进行调查，以提高研究有效性。但学习成绩对抑郁的影响显著，具体表现为成绩较好（优和良）的抑郁检出率低于成绩较差（中和差）的大学生，也说明学业压力是大学生所面临的重大问题。

第四章
基因多态性对大学生抑郁的影响

第一节　调查背景与方法

一、调查背景

抑郁（depression）是一种以思维迟缓、兴趣减退以及语言动作减少为主要特征，并伴有自杀意念的情绪表现。有些重性抑郁患者还会表现出厌食、失眠等躯体症状。抑郁是人类主要的情绪障碍和心理健康问题之一。有研究表明在世界范围内，抑郁也是造成疾病负担和伤残的 5 种主要原因之一。自 20 世纪 60 年代，随着行为遗传学的兴起，越来越多的研究者开始关注遗传因素在抑郁发生发展中所起的作用。早期双生子研究显示，儿童青少年抑郁的遗传力为 0.24～0.55。近年来，继 Caspi 等划时代的研究之后，使用分子遗传学范式来探究抑郁的遗传基础及其与环境的相互作用机制已成为抑郁研究领域的前沿课题之一。而且随着研究的深入，对于抑郁遗传基础的研究也不断获得新的突破和发现，其中，较为引人注目的就是遗传因素对抑郁的影响。考察抑郁遗传基础的表现及其原因，不仅有助于推进抑郁产生机制的研究，还对解释抑郁的发生特点有重要启示。对于抑郁基因基础的探究发现 TPH2 基因、5-HTR1A 基因、DRD2 基因、BDNF 基因和 MAOA 基因对于抑郁产生有着重要的影响，鉴于此，本研究将基于这五个基因表现型对抑郁的产生机制进行探究，并在此基础上展望未来研究的方向。

（一）5-羟色胺（5-HT）基因

5-羟色胺（5-HT）既是一种血管活性物质，又是一种神经递质，在中枢神经系统和周围组织中起着多种重要的生理作用。有研究表明，5-HT 在中枢神经系统中的分布十分广泛，参与了各种精神活动的调节，同时还与强迫症、焦虑症、孤独症、精神分裂症、情感性精神障碍以及药、酒依赖等都有一定关系。因此，研究 5-HT 各类受体有助于发现与阐明各种神经、精神疾病的病理生理发生机制以及制订相应的治疗对策。药理学和分子生物学的研究结果显示，目前人类 5-HT 受体（5-HTR）至少存在 7 种类型，即 5-HT1R、5-HT2R、5HT3R、5-HT4R、5-HT5R、5-HT6R 和 5-HT7R，且大多可以进行克隆。在这 7 种类型中又可进一步分成若干亚型。按照受体转导方式的不同，可分为配体门控离子通道族和 G-蛋白偶联体超家族两大类。在目前所克隆的 5-HTR 中除 5-HT3R 属配体门控离子通道族外，其余均为 G-蛋白偶联体超家族。

1. 5-HT1 受体基因

5-HT1 受体基因是 5-HTR 中最大的一组受体亚型，可分为 5-HTR1A、5-HT1BR、5-HT1CR、5-HT1DR、5-HT1ER 和 5-HT1FR 等 6 种亚型，其中 5-HT1DR 可进一步分为 5-HT1DαR 和 5-HT1DβR 亚型。各亚型之间约有 50% 的氨基酸序列相同，对 3H 标记的 5-HT 有很高的亲和力。受体的激活与抑制腺苷酸环化酶活性相偶联。神经行为和精神药理学研究结果表明，5-羟色胺（5-HT）功能紊乱与抑郁症的发病相关，抑郁症患者和抑郁自杀死亡者脑内的 5-HTR1A 表达或活动过度。因此本节主要是从 5-HT1A 受体及其表达来探究与抑郁情绪的相关研究[①]。

2. 5-HT1A 受体的生物学特性

5-HT1A 受体包含 421 个氨基酸，分子量为 44000，基因编码是由 1309 个碱基对组成。8-羟四氢奈（8-OHDPAT）是 5-HT1A 受体的特异性激动剂，甲磺酸麦角新碱（ergometrine）是其拮抗剂。5-HT1AR 的转导机制除了可以通过 G-蛋白偶联抑制腺苷酸环化酶活性外，还通过激活磷脂酶 C 促

---

① STOCKMEIER C A，SHAPIRO L A，DILLEY G E，et al. Increase in serotonin-1A autoreceptors in the midbrain of suicide victims with major depression—postmortem evidence for decreased serotonin activity [J]. The journal of neuroscience，1998，18（18）：7394-7401.

进磷酸肌醇水解，进而启动细胞反应。5-HT1AR 主要分布于脊髓前角、前额叶皮层、外侧隔、海马、中缝背核等。人类 5-HT1AR 的遗传基因位于第 5 号染色体 q11.2～q13 区域。有证据表明，5-HT1AR 与冲动行为、焦虑、酒精依赖、精神分裂症、双相情感性精神障碍以及药物代谢的个体差异等有关。某些抗焦虑药如丁螺环酮即直接作用于 5-HT1AR；研究员还发现嗜酒者前额皮层的 5-HT1AR 密度增加，这在动物实验中也得到证实；某些 5-HT1AR 激动剂能够减轻个体攻击行为。最近的研究结果提示，精神分裂症患者背外侧皮层和前扣带回的 5HT1AR 与 8-OHDPAT 结合点密度增加，而背外侧皮层和海马旁回的 5-HT2AR 与酮康宁（ketanserin）则出现结合点密度下降的现象。随着分子遗传学的发展与进步，对于 5-HT1AR 基因与抑郁的发病机制的研究越来越成为热门话题，关于 5-HT1AR 与双相情感障碍和精神分裂症有关的报道也引起了研究者的重视。本章也将较为仔细地探究 5-HT1AR 与大学生抑郁之间的关系，为大学生抑郁的发病提供一个科学借鉴与指导。

（二）色氨酸羟化酶（TPH）基因

色氨酸羟化酶（tryptophan hydroxylase，TPH）是 5-HT 合成途径中唯一的限速酶，其活性是 5-HT 合成的唯一前提，因此可以作为 5-HT 神经元的特异标志及一个重要的分化特征[①]。TPH 的表达水平和生理活性的正常与否影响着 5-HT 的合成量，既可以增强也可以减弱 5-HT 及其代谢物的作用强度，从而影响它在中枢神经系统的功能。TPH 分为 TPH1 和 TPH2 两种，其中 TPH2 对中枢 5-HT 的合成具有重要作用。因而 TPH2 基因也成为与 5-HT 功能紊乱相关的精神疾病遗传学研究中的一个重要的候选基因，并日益受到关注及重视。

2003 年，Walther 等在研究 TPH 基因缺失（TPH-/-）对小鼠生理功能的影响时发现，已被剔除 TPH 基因的小鼠在经典的 5-HT 功能脑区仍有正常水平的 5-HT 表达，且基因型 TPH-/-鼠在有关 5-HT 的行为学测试中也无明显的异常表现，因此证实了还存在另外一种基因编码 TPH，研究者将

---

① 田喜梅，胡西旵，暴学祥. 昆虫色氨酸羟化酶的研究进展［J］. 神经解剖学杂志，2005（5）：111-114.

这种新发现的 TPH 称之为 TPH2 或神经性 TPH，之前发现的 TPH 则被称为 TPH1。人类 TPH2 基因位于第 12 号染色体的长臂（12q 21.1）跨越 12 kb 的区域，其长度为 2350 个碱基对，共包含 11 个外显子。TPH2 基因的启动子的核心区位于 -107～+7 之间；5-HT 非转录区则处于 +8～+53 之间的序列，在转录、转录后水平都对该基因的表达有很强的抑制作用。人类基因 TPH1 与 TPH2 基因有高度的同源性，它们所编码的蛋白质中有 71% 的氨基酸是一致的，而且 TPH1 功能上和基因结构的重要序列在 TPH2 基因中大多得以保留，这表明 TPH1 的许多特性也会在 TPH2 中出现。然而 TPH1 与 TPH2 蛋白在机体的表达则具有比较明显的组织特异性，TPH1 蛋白主要在外周及松果体表达，而控制外周 5-HT 合成的 TPH2 蛋白在中缝核的 5-HT 能神经元及外周的肠肌间神经元中有显著表达，对中枢 5-HT 的合成有重要的作用。这一重大发现提示可能需要重新评估之前的有关 TPH 基因与精神疾病的研究的一些结果，也为今后研究与 5-HT 功能紊乱有关的精神疾病开辟了一个崭新的领域。

目前，在不同物种中已经发现 500 多个 TPH2 基因的单核苷酸多态，而在人类体内就发现了 300 多个 TPH2 基因的单核苷酸多态。有些单核苷酸多态可能仅在特定种族人群中出现，在最近一项关于 TPH2 基因功能多态性与双相情感障碍的关联研究中，研究员发现 C2755A 和 G26270A 可能为种群特异性多态位点，而且仅在中国汉族人群中出现。深入地研究这些单核苷酸多态对 TPH2 蛋白功能造成的影响以及对 TPH2 基因的表达将有助于从分子遗传学角度发现、阐释与 5-HT 系统功能紊乱相关的精神障碍或疾病的发病机制，其中最直接的一种研究方法就是利用 TPH2 基因的互补 DNA（cDNA）来评估这些非同义单核苷酸多态性对 5-HT 合成的影响。已经有研究表明，小鼠的 C1473G 突变将会导致 447 位的脯氨酸被精氨酸取代，从而导致中枢 5-HT 的水平下降 30%～70%，并且出现了与中枢 5-HT 系统功能紊乱有关的生理行为改变。而当携带 G 等位基因的 TPH2 在细胞 PC 12 表达时，合成的 5-HT 仅为野生型基因的 45%。同时在另一个研究中发现，R441H 突变可能导致 TPH2 在细胞 PC12 表达时，合成 5-HT 的能力严重受损。在人类 TPH2 基因的 5-HT 调节区存在 3 种常见的变异，T-473A、T-703G 及 90A/G。凝胶迁移滞后实验显示这 3 种多态可能会改变

DNA 蛋白质的相互作用，同时 90A/G 多态对 5-HT 非转录区 mRNA 的二级结构的改变有预测性，并对 RNA 蛋白质的相互作用产生影响①。这表明 TPH2 基因的调控序列可能在一系列与 5-HT 功能紊乱有关的精神障碍和疾病的发生中起到重要的作用，并且深入研究很可能发现更多有意义的信息。这些多态和表达可能对 TPH2 基因的功能产生影响，进而直接影响中枢 5-HT 的合成，致使中枢 5-HT 的稳态遭到破坏，并导致机体产生抑郁情绪甚至其他精神疾病。

（三）多巴胺受体（DRD2）基因

近三十年来，多巴胺假说一直是抑郁情绪与障碍病理机制的重要假说之一。随着 PET、SPECT 技术的引入，相关解剖学、神经生物学和药理学的发展，分子遗传学和生物学的发展，近二十年来多巴胺受体（DRD2）的相关研究逐渐深入，发现 DRD2 基因可能与抑郁情绪存在重要联系。本节亦会就大学生抑郁情绪与 DRD2 的相关研究进行探究。

1. DRD2 基因

DRD2 基因位于 11q 上，其长度超过 270 kb，其中包含一个长度接近 250 kb 的内含子，从而将编码受体蛋白的外显子与启动区分隔开来。ArakeK 于 1992 年的研究表明，独立的 DRD2 基因长约 15 kb，由 6 个内含子与 7 个外显子组成。应用 DRD2 基因 DNA 作为探针进行 Southern 斑点杂交，未能发现限制性片段长度多态性（RFLP），而对几种动物和鼠脑以 RNA 探针进行 Northern 斑点分析，观察到了 DRD2mRNA 表达的变化。基因转录时 DRD2 的 RNA 交替结合产生两种 mRNA，编码 D2L、D2S 两个亚型。

2. 多巴胺受体 DRD2 的生物学特性

抑郁症（depression）是一种影响个体身心发展的常见的心境障碍，目前病因假说很多，而抗抑郁药物则主要是依据单胺假说，即通过调节体内单

---

① CHEN G L, VALLENDER E J, MILLER G M. Functional characterization of the human TPH2 5′regulatory region：untranslated region and polymorphisms modulate gene expression in vitro [J]. Human genetics，2008，122（6）：645-657.

胺类神经递质水平来实现①。随着对抑郁症研究的深入，其发病机制的遗传学也逐渐被确立。其中中枢多巴胺能系统，特别是多巴胺受体，在抑郁症的发展中发挥着重要的作用。DRD2 含 415 个氨基酸残基，是一种糖蛋白，分为长型（D2L）和短型（D2S）两种，D2S 比 D2L 少 29 个氨基酸。DRD2 属于 G 蛋白耦联的受体家族，其肽链要跨越细胞膜七次，C-端在胞内，N-端在胞外，胞内外各形成三个环型。多巴胺激活 DRD2 后，主要通过与 Gi/Go 耦联，从而抑制腺苷酸环化酶的活力，降低胞内环磷酸腺苷来发挥作用。DRD2 也会与胞内第二信使系统相联系，包括激活钾通道、使得钾电导增加、并抑制钙通路等。DRD2 介导的功能包括：作为自身受体可调节多巴胺的释放；调节其他递质的释放，如 DRD2 激动剂 LY14865 和 RU24926 分别抑制钾离子和电刺激引起的乙酰胆碱释放；调节垂体激素的分泌，如介导垂体前叶泌乳素的合成、分泌；中脑边缘系统 DRD2 介导的精神安定作用②。Meador-Woodruf 在 1994 年应用 epidepride 标记的受体放射自显影定位研究发现，DRD2 主要位于丘脑核团、苍白球和基底节。在皮层中 DRD2 主要分布于颞叶内侧脑区及海马结构。Hall（1996）发现在新皮层中分布是多相性的，其中在大部分脑区中，DRD2 定位于表浅的皮层（Ⅰ/Ⅱ），而在枕部皮层定位较深（Ⅴ）。也正是由于 DRD2 特殊的中枢分布，多巴胺通过 DRD2mRNA 表达的产物受体的介质传导，调节着与这些脑区相关的中枢神经系统的多种精神活动及功能，如情感、感知、行为和运动。

（四）脑源性神经营养因子（BDNF）基因

1. BDNF 与神经可塑性

BDNF 是神经营养因子家族中的重要成员之一，在个体脑发育的过程中，起初 BDNF 的表达水平很低，从发育的第 15 天开始到出生后两周，其表达水平逐渐增高，并最终成为营养因子。在中枢神经系统中，BDNF 主要在神经元内合成，再由顺行性轴浆运输至神经元轴突末梢，释放后作用于特异性受体靶组织发挥作用。此外，BDNF 也可经由神经元的靶细胞分泌，再反向作用于营养神经元，对神经细胞的生长发育和保护修复起到十分关键的

---

① CHANG T，FAVA M. The future of psychopharmacology of depression [J]. The journal of clinical psychiatry，2010，71（8）：971-975.

② 乔卉，安书成，徐畅. BDNF 与抑郁症的研究现状及进展 [J]. 生理科学进展，2011，42（3）：6.

作用。一项大鼠免疫组织化学研究证实，在中枢神经系统，BDNF 免疫阳性神经元广泛分布在大鼠脑内，包括大脑皮层、黑质纹状体、下丘脑、海马齿状回、脑顶盖区、小脑、中脑干等，其中以皮层和海马齿状回的含量为最高。在周围神经系统，受损神经断端远侧部会有较多的 BDNF，这表明应激状态下周围神经组织 BDNF 增多的主要来源是雪旺氏细胞等支持细胞。

有学者提出，BDNF 可能通过以下几种途径来提高神经干细胞分化为神经元的比率：（1）促进干细胞分化而来的神经元前体细胞的增殖；（2）促进干细胞分化过程中神经元抗原的表达，或促进未定型干细胞向神经元方向发展；（3）促进神经元前体细胞和分化成熟的神经元的存活。有研究已证实，BDNF 可以刺激新生神经元突起的生长，因而对新生神经元的进一步发育和成熟有着十分重要的作用和意义。此外 BDNF 还可能通过上调阳性细胞表达，增加神经元前体细胞的迁移和分化，进而促进神经细胞的发育。BDNF 不仅对神经元的再生有促进作用，而且在神经应激损伤的初期，对神经元也有着保护作用。有研究者提出 BDNF 对慢性应激性认知障碍产生的保护作用可能是通过调节海马神经细胞内的钙浓度，从而减少海马神经元坏死或凋亡，使得海马形态结构免受损害而实现的。此外，BDNF 也可以通过突触前受体信号转导途径来促进谷氨酸的释放，同时通过突触后受体途径增强 NMDA 受体（N-methyl-D-asparticacidreceptor，NMDAR）和 AMPA 受体（α-amino-3-hydroxy-5-methyl-4-isoxazolepropionic acid receptoe，AMPAR）的活性，进而参与并促进长期增益效应。可见，BDNF 对神经的功能可塑性和结构可塑性都有调节作用，一方面可以通过突触前和突触后机制改变突触传递的效能，另一方面可以影响树突和轴突的生长和重构及突触结构的形成。

2. 脑源性神经营养因子的生物学特性

脑源性神经营养因子（Brain-derived neurotrophic factor，BDNF）不仅在中枢神经系统而且在周围神经系统的多种神经元均有分布，其中以皮层和海马含量最高。基因定位于 11p13，酪氨酸激酶受体 B（tyrosine kinase receptor）是其特异性受体，两者结合后可激活 c-Jun 氨基末端激酶（phosphokinase）、细胞外信号调节激酶/丝裂原活化蛋白激酶（mitogen-activated protein kinase/extracellular signal-regulated kinase，MAPK/Erk）和 P38 丝裂原活化蛋白激酶（P38-mitogen activated protein kinase，P38-

MAPK）三条信号转导通路，使胞内的钙浓度上升；也可以激活钙/钙调蛋白依赖性激酶和酪蛋白激酶 2，使得 cAMP 反应性元件结合蛋白（conjugated protein）磷酸化；激活磷脂酰肌醇-3′激酶等，进而产生一系列的生物学效应。BDNF 通过不同途径调控神经细胞的生存、生长、分化和凋亡，在神经系统发育和功能维持中具有至关重要的作用。许多研究还发现，BDNF 也参与了突触可塑性的形成机制，如长时程增强记忆和学习等；有研究显示，神经突触的重构和可塑性在抑郁症发病机制中起着重要的作用。

（五）单胺氧化酶 A（MAOA）基因

在抑郁发病机制中，单胺假说认为 5-HT、NE、DA 的功能下降和紊乱是导致抑郁的主要原因，而这些单胺功能发生改变的原因可能是源于其合成、储存发生错误又或是降解增加和受体功能的改变。来自精神药理学的证据显示，选择 5-HT 再摄取抑制剂、单胺氧化酶抑制剂及三环类抗抑郁药均可升高脑内单胺的浓度，起到减缓抑郁的作用，支持了抑郁的单胺假说。因此，编码单胺代谢酶的 MAOA 基因也成为抑郁遗传学研究的重要候选基因之一。

1. 单胺氧化酶（MAO）的定义和分类

单胺氧化酶（monoamine oxidase）是一种含黄素的线粒体酶，可以起到催化单胺类神经递质降解的功能，如去甲肾上腺素（norepinephrine）、多巴胺（dopamine）和血清素。人类和其他哺乳动物可以产生两种单胺氧化酶，即单胺氧化酶 A（monoamine oxidase A，MAOA）和单胺氧化酶 B（monoamine oxidase B，MAOB）。MAOA 和 MAOB 基因编码于 X 染色体的短臂上，xp11.23 和 xp11.4 之间，尾对尾连接。但它们有截然不同的酶作用底物特征：MAOA 使复合胺和去甲肾上腺素脱去氨基；MAOB 作用于苯基乙胺和节苯。MAOA 比 MAOB 有着与 5-HT 更高的亲和力，而且还是 5-HT 降解的主要酶。单胺氧化酶，特别是单胺氧化酶 A 在人类行为和生理机能等方面起着重要作用。

2. MAOA 的生物学特点

MAOA 是人脑中单胺类神经递质的一种重要代谢酶。MAOA 基因编码于 X 染色体上，在其启动子区有一段重复单元为 30 bp 的可变数目串联重复序列（variable number of tandem repeat，VNTR），可重复数目为 2～5 次，MAOA 的转录活性与重复的数目相关，被认为是 MAOA 的功能标志物。

位于 MAOA 基因的转录起始点上 1.2 kb 的调控区内的 30 bp 碱基的可变数串联重复多态，对基因的表达起调控作用，如同一位点上，由于可变数串联重复次数不同可能会形成不同的核苷酸序列，从而影响 RNA 聚合酶与启动子的亲和力，进而影响转录的起始效率。有研究表明 3 次重复的基因会使所编码的酶活性降低，而 3.5 次或 4 次重复的等位基因较之 3 次与 5 次重复的基因转录活性高了 2.4 至 9.6 倍。

二、问题提出

据世界卫生组织预测，21 世纪抑郁症将成为人类的主要杀手。随着现代社会生活节奏的加快和压力的不断增加，患有抑郁症的人数在全世界范围内都呈明显的上升趋势。在我国，每年抑郁症患者达 80 万人。2005 年，费立鹏等针对全国 23 个疾病监测点共计 519 例自杀案例进行了调查，发现有近 40% 的人患有抑郁障碍。2004 年他也曾对 635 例自杀未遂者进行调查，发现其中有 38% 的人患有精神疾病，其中主要是抑郁症。

当前，我国正处于经济快速发展的新时代，社会生活的各个领域也同样正经历着一场全方位的大变革，人们的思想观念、行为选择、价值取向、生活方式等发生着一系列重大的变化。大学生在心理健康方面会不可避免地受到影响，况且，大学生作为一个较为特殊的社会群体，一方面他们身体发育较为完备但心理上还未得到全面的发展，另一方面作为祖国建设的未来中坚力量和砥柱，他们所面临的压力也同样繁重。同时他们也面临着诸多问题，如对专业选择与学习的适应问题，对新的学习环境与任务的适应问题，人际关系的处理与学习，理想与现实的冲突问题，恋爱中的矛盾问题以及未来职业的选择问题等。由此，大学生抑郁已成为目前高校心理卫生工作中一个较为常见而严重的问题。"郁闷"一词在大学校园里十分流行。

抑郁是一种心境状态，其特点是有一种不适感、沮丧感，活动性或反应性降低，悲观、忧郁以及有关的症状。抑郁情绪的大学生的主要表现是：情绪低落、兴趣丧失、思维迟缓、闷闷不乐、郁郁寡欢、缺乏活力，干什么都没有兴趣且打不起精神；也不愿参加社交，回避熟人，对生活缺乏信心与动力，体验不到生活的乐趣，并伴有失眠、食欲减退等生理反应。长期的抑郁会使人的身心受到损害，严重影响大学生学习和生活。高发病率和所产生的严重后果使探究大学生抑郁的发病机制成为心理学界热门的话题。基于此，本章将从抑郁遗传基因的角度来探究其对抑郁的影响。因此，本研究将以抑郁为因变量深入探讨大学生抑郁的心理机制，并从 TPH2 基因、5-HTR1A 基因、DRD2 基因、BDNF 基因和 MAOA 基因五个候选基因的角度出发，为抑郁发病机制提供一个科学的依据。

（一）研究意义

1. 理论意义

通过上述研究说明可以发现，尽管已有研究已经为遗传基因对抑郁的影响机制提供了比较丰富的证据，但是仍存在一些局限性，仍需要对这些问题进行深入考察。首先，从研究内容上看，尽管既有研究已经明确指出抑郁是由多基因遗传的，是一种多基因遗传疾病，但大多数抑郁的遗传研究仍然采用单基因研究范式，这就必然带来单基因研究所面临的一些局限性。其次，关于多基因遗传基础的研究理论基础还不成熟有待深入研究，存在遗传指标被滥用的风险。目前抑郁多基因研究仍处于起步阶段，仍存在一些问题。为此本章将会以 TPH2 基因、5-HTR1A 基因、DRD2 基因、BDNF 基因和 MAOA 基因五个候选基因为因变量来探究抑郁的发病机制，探究大学生抑郁的发病机理与关联因素，充实抑郁的发病机制理论。

2. 现实意义

（1）社会与时代的要求与呼唤

近年来，有关抑郁症的报道和新闻愈来愈多，原本看似很遥远的抑郁症也已成为一种发生在我们身边的心理疾病，据统计，每年全世界的抑郁症发病率高达 11%。抑郁症患者数量之大，仅在中国就超过 2600 万。现有关抑郁的研究也越来越多，此类精神障碍性疾病越来越受到社会各界的重视，呈现患者跨度大、数量多以及高自杀率、高复发率、社会负担沉重和治疗不足等特点。世界卫生组织同时指出，抑郁症患者中能够得到及时治疗的不到 25%，甚至在某些国家和地区这一比例甚至低于 10%。高校大学生作为社会的一个十分特殊的群体，由于不能很好地适应环境，从而抑郁倾向日趋严重。而且，随着高校的扩招、收费的提高以及就业竞争等社会多方面的原因及个人的原因，抑郁成为大学生中极为常见的心理障碍的症状之一，表现出更加突出的趋势，已引起社会的广泛关注。

（2）基于高校大学生抑郁现状的思考

美国 ACHA-NCHA 机构 2003 年的一份调查资料显示，有 13.4% 的大学生在一生中可被诊断出抑郁症状。同时，我国既往调查的总体情况也表明，有 10%～30% 的大学生存在各种各样的心理问题，在高校的心理咨询工作中也发现，大学生中因抑郁情绪而求助的占有着很大的比例。而抑郁又是大学生中极为常见的心理障碍的症状之一，它通常表现为一种持久的心境低落状态，伴有思考困难、孤独悲观、焦虑、犹豫不决、失望、记忆减退、自我责备和身体不适感这些特征。几乎每个大学生都曾出现过抑郁情绪，而且抑郁障碍在大学生中也占有一定比重。由于抑郁心理的固着性，个体一旦产生抑郁感，便很难较快地从中摆脱出来[①]。湖北省青年研究所心理咨询机构调查发现，抑郁情绪已成为大学生主要的心理问题。国外统计报告显示，出现抑郁症状在大学生中所占比例高达 15%～50%。现有调查发现，抑郁情绪在大学生中具有相当普遍性。范兴华等（2004）在一项对湖南某大学的1166 名大学生进行的调查中发现，有抑郁和重度抑郁的现患率为 13.8% 和13.35%。因此，尽快找到抑郁发病原因成为社会学、生理学、心理学界一个重大的问题。本章以抑郁发病候选基因为出发点，希望为抑郁发病机制提供一个更科学的解答，同时为有效开展高校心理健康教育工作提供参考。

（二）调查目的

本研究的目的之一是调查大学生 TPH2 基因、5-HTR1A 基因、DRD2基因、BDNF 基因和 MAOA 基因与抑郁的现状及关系；

目的之二是探查 TPH2 基因、5-HTR1A 基因、DRD2 基因、BDNF 基因和 MAOA 基因对大学生抑郁的预测作用。

（三）调查设计

1. 研究对象

研究从某大学中采用方便抽样的方式选取了 1120 名大一学生，逐一发放问卷，其中有效问卷有 1078 份，有效回收率达到了 96%。其中，女生772 人（71.6%），男生 306 人（28.4%）；独生子女 470 人（43.6%），非独生子女 608 人（56.4%）；非抑郁组（抑郁得分 < 16 分）808 人（75%），抑郁组（抑郁得分 ≥ 16 分）270 人（25%）。本研究选取了抑郁组的 270 人和非抑郁组的 300 人进行基因测查。

---

① 傅安球. 实用心理异常诊断矫治手册 [M]. 上海：上海教育出版社，2015.

2. 研究工具

（1）流调中心抑郁量表（CES-D）

流调中心抑郁量表测量内容共计 20 个条目，采用 1～4 点记分，得分与该参与者抑郁症状水平程度成正比。此量表包含四个重要因素：抑郁情绪、躯体症状与活动迟滞、积极情绪和人际关系问题。在测量中要求被试描述他们在最近一周内的抑郁症状程度与发生频率。量表 Cronbach's α 系数为 0.88～0.92，具有较高的信效度，因此高度适用于我国大学生。

（2）基因提取与 DNA 分型的主要仪器及试剂

主要仪器及试剂	提供商
引物	上海生工
Hotstar Taq	Qiagen
PCR 反应缓冲液	Takara
$MgCl_2$	Takara
dNTP	GENERAY BIOTECH
PCR Marker	New England Biolabs
琼脂糖	BIOWEST
溴化乙啶	上海生工
溴酚蓝	上海生工
imLDR Multiplex	上海天昊生物科技有限公司
SAP	Promega
EXO-I	Epicentre
HI-DI	ABI
GeneScanTM-500	ABI
缓冲液 GE（Buffer GE）40 mL	TIANGEN BIOTECH
缓冲液 GD（Buffer GD）13 mL	TIANGEN BIOTECH
漂洗液 PW（Buffer PW）15 mL	TIANGEN BIOTECH
洗脱缓冲液 TB（Buffer TB）15 mL	TIANGEN BIOTECH
Proteinase K2X 1 mL	TIANGEN BIOTECH

（续表）

主要仪器及试剂	提供商
吸附柱 CB5（Spin Columns CB5）10 个	TIANGEN BIOTECH
收集管（15 mL）(Collection Tubes 15 mL）20 个	TIANGEN BIOTECH
隔水式电热恒温箱	上海跃进医疗器械厂
J6-HC 离心机	Beekman 公司
低温台式离心机	Beppendorf 公司
DC640 紫外分光光度仪	Beekman 公司
QT-1 漩涡混合器	上海琪特分析仪器有限公司
Mini-4lc 微型离心机	珠海黑马医学仪器有限公司
TD5A-WS 台式低速离心机	长沙湘仪离心机仪器有限公司
DK-8D 型电热恒温水槽	上海精宏实验设备有限公司
凝胶成像仪	上海培清科技有限公司
FR-110 紫外分析装置	上海复日科技有限公司
FR-250 电泳仪	上海复日科技有限公司
多用途水平电泳槽	北京百晶生物科技有限公司
YXQ-LS-30 Ⅱ 立式压力蒸汽灭菌器	上海博迅实业有限公司医疗设备厂
2720 Thermal Cycler	2720 Thermal Cycler
1-10 μL 12 道移液器	discovery
超净工作台	上海依普监实验室设备有限公司
xw-80A 旋涡混合器	上海琪特分析仪器有限公司
H1650-W 台式微量高速离心机	长沙湘仪离心机仪器有限公司
DHG-9053A 型电热恒温鼓风干燥箱	上海精宏实验设备有限公司
3730xl genetic analyze	ABI
Centrifuge5810R	Eppendorf，德国
Milli-Q Academic	Millipore
BCD-239VC 冰箱	河南新飞电器有限公司
HC-TP11-10 架盘药物天平	上海精密科学仪器有限公司
微量加样器	Eppendorf，德国

3. 研究方法

（1）血液提取

由专业护士对本研究中 270 名有抑郁情绪的被试抽取 2.5 mL 肘静脉血放于 EDTA 抗凝管中（血∶EDTA＝5∶1），同时从无抑郁情绪的被试中随机抽取 300 名被试作为对照组，也由专业护士抽取 2.5 mL 肘静脉血放于 EDTA 抗凝管中（血∶EDTA＝5∶1），然后将所有抽取的血液放置在－70 摄氏度的冰箱中保存，三个月后提取基因组 DNA（g DNA）。

（2）提取 DNA 的步骤

注：使用前请先在缓冲液 GD 和漂洗液 PW 中加入无水乙醇，加入体积参照瓶上的标签。

①向 15 mL 离心管中加入 20 μL Proteinase K（20 mg/mL）溶液，然后直接加入 0.5～3 mL 血液样本，混匀。

②向装有血液样本的离心管中加入 2.4 mL 缓冲液 GE，振荡 30 s 混匀。（如果提取 2～3 mL 样本，可以增加缓冲液用量至 3.6 mL）

③将上述所得溶液放入 65 摄氏度隔水电热恒温箱 10 min，每隔 3 min 振荡一次，以助裂解。简短离心以收集管盖内壁的水珠（如遇特殊样本，未能很好裂解，请适当延长孵育时间）。

④向样本中加入 2 mL 无水乙醇，混匀，此时可能出现絮状沉淀。（若从水浴锅取出的样本温度过高，请在室温冷却后再加入无水乙醇，若提取 2～3 mL 血液样本，可以增加无水乙醇量至 3 mL）

⑤将上一步所得溶液和絮状沉淀的一半转移至一个吸附柱 CB5 中（吸附柱放入 15 mL 收集管中），3000 rpm（～1850 Xg）离心 3 min，倒掉废液，将吸附柱 CB5 放回收集管中。

⑥将步骤⑤剩余的溶液再转入同一个吸附柱中，重复步骤⑤操作。

⑦检查是否已加入无水乙醇，向吸附柱 CB5 中加入 2 mL 漂洗液 GD，5000 rpm（～4500Xg）离心 1 min，倒出废液，将吸附柱 CB5 放回收集管中。

⑧向吸附柱 CB5 中加入 2 mL 漂洗液 PW（使用前请先检查是否已加入无水乙醇），5000 rpm（～4500 Xg）离心 1 min，倒掉废液，将吸附柱 CB5 放回收集管中。

⑨向吸附柱 CB5 中加入 2 mL 漂洗液 PW，5000 rpm（～45000 Xg）离心 15 min，丢弃收集管，将吸附柱 CB5 放到一个新 15 mL 离心管中。

⑩向吸附膜的中间部位悬空滴加 300 μL 洗脱缓冲液 TB，室温放置 5 min，5000 rpm（～4500 Xg）离心 2 min，将溶液收集到离心管中，然后将所得溶液放置于−70 摄氏度冰箱储存。

（3）DNA 浓度及纯度检测

采用 DC640 紫外分光光度仪检测 DNA 的浓度与纯度。

（4）基因分型

本实验在获取 570 个样本后，采用上海天昊生物科技有限公司的 imLDR 多重 SNP 分型试剂盒对其进行 SNP 基因位点分型（见图 4-1）。

iMLDR®多重SNP分型技术是基于传统的连接酶反应经过改进后的具有天昊自主知识产权的多重SNP分型技术，相比于传统的连接酶反应技术，iMLDR®多重SNP分型技术提高了准确性和分型的成功率，经过重复实验和双盲样本的初步验证，该技术的数据准确性超过98%，仅次于测序和SNaPshot。

分型原理：

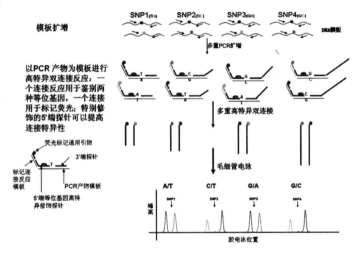

图 4-1 imLDR 分型技术

①目标 SNP 位点所在区段先采用多重 PCR 反应在一个体系中获得扩增。

②扩增产物经外切核酸酶及虾碱酶（ExoI/SAP）纯化后用于后续连接酶反应的模板。

③在一个连接反应中，每个位点包含两个 5′端等位基因特异探针（其 3′末端分别为两个等位基因特异碱基或序列——对插入缺失多态而言）以及紧挨其后的一条 3′端位点的荧光标记的特异探针。连接产物通过 ABI3730XL 的毛细管电泳来区分，原始数据文件用 GeneMapper4.1 软件（Applied Biosystems, USA）来分析。

具体实验操作步骤如下：

TPH2 基因：

①DNA 样本取 1 μL 1% agarose 电泳对其样本进行质量检查以及浓度估计，然后根据估计的浓度将样本稀释到工作浓度 5～10 ng/μL。

②多重 PCR 反应：

a）PCR 引物

rs17110747F：

AAGCAGTGAAGCTGTTTCCATTTTC

rs17110747R：

GGTTCTACAAGGTCAACGCAACCT

rs41317118F：

TGGGGCTTAGCAGCAGTTCAGT

rs41317118R：

TGAGTGGTTATCTGCCATTGGAT

rs4570625F：

AACTCTGCATAGAGGCATCACAGG

rs4570625R：

TCTTATCCCTCCCATCAGCATATTTT

rs7305115F：

TGGATACCTGAGCCCACGAGAC

rs7305115R：

GCATCGAGCCAGAGCTGGAATA

b）PCR 条件

反应体系（10 μL）包含 1x GC-I buffer（Takara.），3.0 mm Mg^{2+}，0.3 mm dNTP，1 U HotStarTaq polymerase（Qiagen Inc.），1 μL 样本 DNA 和 1 μL 多重 PCR 引物。

多重 PCR 引物中各对引物的浓度（μM）如下表：

rs17110747F/R	rs41317118F/R	rs7305115F/R	rs4570625F/R
1	1	1	1

PCR 循环程序

1 step		95 ℃	2 min	
2 step	11cycles x	94 ℃	20 s	
		65 ℃	40 s	−0.5 ℃/cycle
		72 ℃	1.5 min	
3 step	24cycles x	94 ℃	20 s	
		59 ℃	30 s	
		72 ℃	1.5 min	
4 step		72 ℃	2 min	
		4 ℃	forever	

③多重 PCR 产物纯化

在 10 μL PCR 产物中加入 5 U SAP 酶和 2 U Exonuclease I 酶，37 ℃温浴 1 小时，然后 75 ℃灭活 15 分钟。

④连接反应

a）连接引物

rs17110747FA：

TGTTCGTGGGCCGGATTAGTTTGTAGGAAACTTCCCATCACAATAACACAA

rs17110747FG：

TCTCTCGGGTCAATTCGTCCTTTTGTAGGAAACTTCCCATCACAATAACACAG

rs17110747FP：

GTTCAATATTCTATTTCAAAAATTGTTGAGGTAA

rs41317118FA：

TGTTCGTGGGCCGGATTAGTCAATTCCATATATCTATACCATCTTGTAACTCACTCTA

rs41317118FG：

TCTCTCGGGTCAATTCGTCCTTCAATTCCATATATCTATACCATCTTGTAACTCACTCTG

rs41317118FP：

TTAGTATATAAAGCACCATAAGAAATCCAATGG

rs4570625FG：

TTCCGCGTTCGGACTGATATCACTCACACATTTGCATGCACAA

AATGAG

rs4570625FP：

AATATGTCAAGTCAGAAAAAGCTTATTAACATAaaaTTT

rs4570625FT：

TACGGTTATTCGGGCTCCTGTCACTCACACATTTGCATGCACA

AAATGAT

rs7305115FA：

TACGGTTATTCGGGCTCCTGTGCTCAGATCCCCTCTACACCACA

rs7305115FG：

TTCCGCGTTCGGACTGATATGCTCAGATCCCCTCTACACCACG

rs7305115FP：

GAACCGTGAGTACCTACATTAAAGCCCTTTTTT

（注：引物中 Y、R、K、M 代表兼并碱基，分别为 C/T、G/A、G/T、A/C）

b）连接反应

反应体系：高温连接酶 0.25 μL、10x 连接缓冲液 1 μL、3′连接引物混合液（2 μM）0.4 μL、5′连接引物混合液（1 μM）0.4 μL 以及纯化后多重 PCR 产物 2 μL、ddH2O 6 μL 混匀。

连接程序：

1 step	38cycles x	94 ℃	1 min
		56 ℃	4 min
2 step		4 ℃	forever

⑤连接产物上 ABI3730XL 测序仪

取 0.5 μL 稀释后的连接产物，与 0.5 μL Liz500 SIZE STANDARD、9 μL Hi-Di 混匀，95 ℃变性 5 分钟后上 ABI3730XL 测序仪。

⑥ABI3730XL 测序仪上收集的原始数据用 GeneMapper 4.1（Applied Biosystems，USA）来分析。

BDNF 基因：

①DNA 样本取 1 μL 1‰ agarose 电泳对其样本进行质量检查以及浓度估计，然后根据估计的浓度将样本稀释到工作浓度 5~10 ng/μL。

②多重 PCR 反应：

a) PCR 引物

rs6265F：GCCGAAGCTTLAGGAATCATGA

GGCCGAACTTTCTGGTCCTCAT

rs6265R：

GCCGAAGCTTCAGGAATCATGA

rs988748F：

TGAAATACGCAGGCTAACCAGAAAG

rs988748R：

TGTGCCTGCATTCATCTTACAACCT

rs7104207F：

TTTGATTAGGCAAGGCCCCTGT

rs7104207R：

GAGGAGGCCTCGGCTTGAGATA

b) PCR 条件

反应体系（10 μL）包含 1x GC-I buffer（Takara.），3.0 mm Mg^{2+}，0.3 mm dNTP，1 U HotStarTaq polymerase（Qiagen Inc.），1 μL 样本 DNA 和 1 μL 多重 PCR 引物。

多重 PCR 引物中各对引物的浓度（μM）如下表：

rs6265F/R	rs988748F/R	rs7104207F/R
1	1	1

PCR 循环程序

1 Step		95 ℃	2 min	
2 Step	11 cycles x	94 ℃	20 s	
		65 ℃	40 s	−0.5 ℃/cycle
		72 ℃	1.5 min	

$$3 \text{ Step} \quad 24 \text{ cycles x} \begin{cases} 94 \text{ ℃} & 20 \text{ s} \\ 59 \text{ ℃} & 30 \text{ s} \\ 72 \text{ ℃} & 1.5 \text{ min} \end{cases}$$

$$4 \text{ Step} \begin{cases} 72 \text{ ℃} & 2 \text{ min} \\ 4 \text{ ℃} & \text{forever} \end{cases}$$

③多重 PCR 产物纯化

在 10 μL PCR 产物中加入 5 U SAP 酶和 2 U Exonuclease I 酶，37 ℃温浴 1 h，然后 75 ℃灭活 15 min。

④连接反应

a）连接引物

rs6265RC：

TTCCGCGTTCGGACTGATATCATTGGCTGACACTTTCGAACTCG

rs6265RP：

TGATAGAAGAGCTGTTGGATGAGGATTTT

rs6265RT：

TACGGTTATTCGGGCTCCTGTCATTGGCTGACACTTTCGAACTCA

rs988748FC：

TGTTCGTGGGCCGGATTAGTGAAGCTGGATACCGCTACCCAAC

rs988748FG：

TCTCTCGGGTCAATTCGTCCTTGAAGCTGGATACCGCTACCCAAG

rs988748FP：

AGACCCTCTGCGTTGGTTCCTTTT

rs7104207RC：

TTCCGCGTTCGGACTGATATGGAAACATGGTCTGCTATGAAGCTAGTAG

rs7104207RP：

TGAGAGGACATTATATTTGACCATTATATTTGGTTT

rs7104207RT：

TACGGTTATTCGGGCTCCTGTGGAAACATGGTCTGCTATGAAGCTAGCAA

（注：引物中 Y、R、K、M 代表兼并碱基，分别为 C/T、G/A、G/T、A/C）

b）连接反应

反应体系：10 x 连接缓冲液 1 μL、高温连接酶 0.25 μL、5′连接引物混合液（1 μM）0.4 μL，3′连接引物混合液（2 μM）0.4 μL、纯化后多重 PCR 产物 2 μL、ddH$_2$O 6 μL 混匀。

连接程序：

$$1 \text{ Step} \quad 38 \text{ cycles x} \begin{cases} 94 \text{ ℃} & 1 \text{ min} \\ 56 \text{ ℃} & 4 \text{ min} \end{cases}$$

2 Step   4 ℃   forever

⑤连接产物上 ABI3730XL 测序仪。

取 0.5 μL 稀释后的连接产物，与 0.5 μL Liz500 SIZE STANDARD、9 μL Hi-Di 混匀，95 ℃变性 5 min 后上 ABI3730XL 测序仪。

⑥ABI3730XL 测序仪上收集原始数据用 GeneMapper 4.1（Applied Biosystems，USA）来分析，连接产物的荧光标记及长度信息见"17B0320A"文件中 SNP Information 一页。

4. 数据收集、管理及处理

主试由本研究者和 3 名研究生担任。在经过任课老师同意的情况下利用其一节课的时间对大学生进行调查，问卷完成时间 30～40 分钟。完成问卷后，课后统一将问卷收回，然后将问卷与分型结果采用 SPSS 23.0 软件对数据进行录入、管理和分析。

第二节 基因多态性对大学生抑郁的影响

一、基因多态性对大学生抑郁影响的研究现状

（一）色氨酸羟化酶（TPH2）基因多态性影响抑郁的研究现状

目前，已有大量研究表明 TPH2 基因与抑郁有关。如高进（2012）对 TPH2 基因单核苷酸多态性与重性抑郁症关联的 27 项研究进行了 Meta 分析，发现 TPH2 的 rs4570625 与 rs17110747 基因位点与重性抑郁症有关联。陈璐等（2013）的研究表明，TPH2 基因的 rs11178997 单核苷酸多态性与

女性单相抑郁症有明显的关联。张玉琦等（2007）的研究表明，TPH2 基因 rs7305115 单核苷酸多态性与抑郁症自杀未遂具有关联性，它可能与抑郁症患者的自杀易感性相关[①]。姜文研（2012）的研究表明 TPH2 基因 A（rs1386494）G 多态性与重性抑郁障碍之间具有显著的相关性，且 A 等位基因可能是抑郁障碍的危险因子，而 G/G 基因型可能是一种保护性基因。王琳等（2013）的研究表明 TPH2 基因 G1463A 单核苷酸多态性与单相抑郁症具有显著相关性。由此可知，TPH2 基因是预测抑郁的一个重要候选基因。通过检索大量文献发现，目前对于 TPH2 基因与抑郁的关系研究主要集中在临床门诊的抑郁病人，而对于在校大学生的 TPH2 基因与抑郁的关系研究几乎没有。

因此，本研究主要探索遗传基因 TPH2 基因 rs17110747、rs4570625、rs7305115 以及 rs41317118 等抑郁候选基因对大学生抑郁的影响，为大学生心理健康水平的提升提供理论依据。

（二）5-羟色胺受体（5-HTR）基因多态性影响抑郁的研究现状

抑郁症是一种因脑部生化改变所致的疾病，临床表现为悲观、情绪低落和睡眠障碍，严重者有自伤和自杀冲动，去甲肾上腺素（NE）和 5-羟色胺（5-HT）等单胺类神经递质含量较低及其受体功能紊乱等都被认为是引起抑郁症的原因。起初对抑郁症的治疗大多是采用电刺激休克疗法，但多次使用后常会失去疗效。20 世纪 50 年代后期，开始出现三环类抗抑郁药，该药很好地代替了电刺激休克疗法并成为治疗抑郁症的首选药物。抗抑郁药的治疗可使 80％的抑郁症病人缓解病情，提高生活质量。

有研究表明，5-HT 作为一种重要的神经递质与个体一系列行为表现关系紧密，例如酒精依赖、攻击性、焦虑症、自杀、情绪障碍等。5-HT 不仅可以通过自身发挥作用，也可以依靠其转运体、受体等对其他通路的调节来发挥作用，当机体受到生理、心理等应激时常常伴随有脑内 5-HT 合成及代谢的改变。因此 5-HT 功能降低或紊乱和很多精神疾病、心理障碍有关联，比如抑郁症、双相情感障碍、焦虑症、精神分裂等。人类至少存在 7 种 5-羟

---

① 张玉琦，袁国桢，李桂林，等 . TPH2 基因 rs7305115 单核苷酸多态性与抑郁症自杀未遂的关联研究［J］. 中国神经精神疾病杂志，2007，33（2）：3.

色胺受体（5-HTR），其中，普遍认为5-羟色胺1A受体与抑郁症及抗抑郁剂疗效密切相关，但抑郁患者海马中5-HT1AR受体的表达量还存在争议。

Amat等（2012）报道应激事件能提高大鼠中缝核的5-HT能神经元的活性，且不能避免的电击比可避免的电击更能激活5-HT能神经元的活性。动物模型研究发现隔离饲养的大鼠纹状体5-HT和多巴胺（dopamine，DA）系统功能增强，伏隔核突触前5-HT系统功能增强，但海马内5-HT的释放减少去甲肾上腺素对应激的反应性降低。Ruhe等（2014）报道有严重抑郁症家族史的易感者或严重抑郁症发作后的停药患者，由于5-HT释放减少，其情绪出现低落[①]。

5-HT假说认为抑郁症的发生是因为中枢神经系统中5-HT释放减少，突触间含量下降所致。还有临床研究也发现在抑郁症患者尤其是最终自杀者的脑脊液中5-HT代谢产物含量显著减少，可能是这些患者脑内5-HT水平较低的缘故。选择性再摄取抑制剂（SSRI）类药物能导致自身受体功能下降，使突触间隙浓度上升，而产生抗抑郁效应。

大量的药理学试验及临床研究发现，5-HT1A受体可能与严重性抑郁障碍、药物成瘾和焦虑等的发生发展、治疗及预后密切相关。目前在治疗情感障碍等疾病中5-HT1A受体已经成为治疗靶点，并受到越来越多的关注。有研究发现在抑郁症患者中海马5-HT1A受体的结合力下降，5-HT1A受体的mRNA表达显著减少。也有研究表明在抑郁症患者中海马受体的表达显著增加。电生理学研究表明抗抑郁药可增加海马的敏感性从而增进神经的传导，达到一定的抗抑郁效应。5-HT1A受体激动剂能显著降低慢性应激所致的大鼠抑郁水平，该作用能够被5-HT1A受体拮抗剂阻断。大量临床医学研究也表明5-HT1A激动剂通过使5-HT1A的释放量和5-HT1A的放电活性正常化而提高突触后的活性。

因此，本研究将探讨抑郁候选基因（遗传基因5-HT1A基因rs6449693、rs6295、rs749098、rs116985176、rs75604552）对大学生的抑郁产生的影响，进而为抑郁发病机制提供一个科学解答，最终为提高大学生

---

① RUHÉ H G, MASON N S, SCHENE A H. Mood is indirectly related to serotonin, norepinephrine and dopamine levels in humans: a meta-analysis of monoamine depletion studies [J]. Molecular psychiatry, 2007, 12（4）: 331-359.

心理健康水平提供坚实的理论基础。

（三）多巴胺受体（DRD2）基因多态性影响抑郁的研究现状

抑郁不仅受后天社会环境因素的影响，也受先天遗传因素的影响。近十几年来，研究者对导致青少年抑郁的分子遗传作用机制进行了大量的研究。继 Caspi 等（2003）里程碑式的研究之后，越来越多的研究发现基因影响抑郁的发生和发展。

根据抑郁的单胺缺陷假说（the monoamine deficiency hypothesis），多巴胺（dopamine，DA）受体功能的缺陷及其合成和储存障碍是导致抑郁的主要原因之一。DRD2 基因（dopamine receptor D2，D2 型多巴胺受体）是众多多巴胺候选基因中的一种，它影响大脑纹状体区（奖赏和情绪敏感性相关脑区）的功能，因而备受研究者关注。有研究表明，DRD2 基因 TaqIA 多态性与抑郁密切相关。该位点处谷氨酸（T 或 A1）到赖氨酸（C 或 A2）的置换，可能导致大脑纹状体区域 D2 受体的密度降低 30%～40%，进而导致中枢神经系统的多巴胺活性较低。此外，研究显示与 A1 等位基因携带者相比较，A2A2 基因型携带者在面对消极刺激或事件时表现出喙部扣带回区域（rostral cingulate zone）激活水平的相对增加，而喙部扣带回区域的异常激活则与重性抑郁相关[1]。越来越多的研究显示，DRD2 基因与个体的抑郁症状有着重大相关。譬如，Elovainio 等（2007）在一项对 1611 名成年人的研究显示，DRD2 基因影响个体抑郁，而且相比 A1 等位基因携带者，携带 DRD2 A2A2 基因型的个体在经历了较多的压力性生活事件后报告了更高的抑郁水平。Hayden 等（2010）的研究也发现携带 DRD2 基因 A2A2 纯合子的个体更容易报告更高的焦虑、抑郁。此外，Roekel、Goossens、Scholte、Engels 和 Verhagen（2011）对孤独感的研究显示，携带 A2A2 基因型的青少年也更容易感到孤独[2]。因此针对 DRD2 基因对大学生抑郁的影响的研究是十分重要的，本书亦会将 DRD2 基因在大学生抑郁发生发展过程中的影响进行阐述，为大学生抑郁发病机制的研究提供一个新思路。

---

① LIBERG B, ADLER M, JONSSON T, et al. The neural correlates of self-paced finger tapping in bipolar depression with motor retardation [J]. Acta neuropsychiatrica, 2013, 25（1）: 43-51.

② VAN R E, GOOSSENS L, SCHOLTE R H, et al. The dopamine D2 receptor gene, perceived parental support, and adolescent loneliness: longitudinal evidence for gene-environment interactions. [J]. Journal of child psychology and psychiatry, and allied disciplines, 2011, 52（10）: 1044-1051.

（四）脑源性神经营养因子（BDNF）基因多态性影响抑郁的研究现状

抑郁症是由各种原因引起的以情绪低落为主要症状的情感障碍，是人类最常见的精神障碍之一，因其具有高复发率、高致残率、高自杀率等特点而受到人们的广泛关注。抑郁症的发病机制尚不明确。近年来，越来越多文献报道 BDNF 可能参与抑郁症的病理生理过程且具有抗抑郁作用，是抑郁症的候选分子。而现有的某些抗抑郁药可能作用于 BDNF，因而具有神经营养效应①。动物实验发现，将 BDNF 注入强迫游泳和习得性无助动物模型的中脑及双侧海马齿状回会产生抗抑郁作用。有研究显示，长期抗抑郁药治疗能阻断应激引起的 BDNF 下调，特异性上调额叶皮层及海马 BDNF 的表达，诱导大鼠海马 CA3 区和齿状回的 BDNF 基因表达水平增强，以及海马的免疫活性增高，而且这种效应与剂量有关。人体研究也表明 BDNF 在抑郁症中具有重要作用。Chen 等（2008）进行的尸脑研究发现，曾经抗抑郁药治疗的患者与未经抗抑郁药治疗的患者相比，在其死亡前，海马（包括齿状回、室上区等）BDNF 的免疫活性显著增强。对外周血中水平的研究也有类似结论。Karge、Gervasoni、Shimizu 等（2011）和我国的李晓照等（2005）发现，未经抗抑郁药治疗的抑郁症患者其血清 BDNF 水平显著降低，降低水平与抑郁症状严重程度（汉密尔顿抑郁量表、蒙哥马利抑郁量表的评分）、病程长短呈负相关，即病程越长、症状越重，BDNF 水平降低越明显；经抗抑郁药治疗缓解后的患者，血清 BDNF 水平能基本恢复到基线水平，而且抑郁严重程度、治疗前 BDNF 水平与治疗后 BDNF 水平的变化之间存在显著相关，且这种水平降低与抑郁症状严重程度的缓解相关。提示血清中的水平变化 BDNF 可能也是抑郁症患者患病及预测抗抑郁疗效的一个状态性标志。诸多研究都已证明 BDNF 基因与抑郁有着重要的联系，本章也将从 BDNF 基因多态性来探究其对抑郁的影响。

（五）单胺氧化酶 A（MAOA）基因多态性影响抑郁的研究现状

随着分子遗传技术的发展，关于抑郁发生机制的研究也已经深入到分子水平。起初抑郁的分子遗传学研究大多数都是考察了 5-羟色胺转运体（serotonin transporter-linked polymorphic region，5-HTTLPR）基因与抑

---

① 炎彬 . 抑郁症分子生物学研究进展［J］. 中国药理学通报，2005，21（2）：3.

郁之间的关联，与之相比，参与单胺降解的 MAOA 基因受到的关注较少。但作为与单胺降解有着重要关系的 MAOA 基因，其对于抑郁的影响也是不容小视的。因此本章亦会考察 MAOA 基因与抑郁间的直接关联，丰富基因对行为的直接作用。

关于 MAOA 基因与抑郁的研究主要考察基因与行为间的直接关联。依据抑郁的单胺假说和单胺氧化酶抑制剂等抗抑郁药物的神经作用通路，有着高活性的 MAOA 等位基因可能通过转录出高活性的 MAOA 酶，从而降解更多的 5-HT、NE、DA，成为个体抑郁的风险因素。回顾既有相关文献，发现迄今为止，以人类为被试的相当一部分研究都支持高活性 MAOA 等位基因与高水平抑郁间的直接关联。例如，Yu 等（2005）在一项针对中国230 名成年重性抑郁患者及 217 名控制组的被试调查中，通过考察 MAOA 基因与重性抑郁以及接受氟西汀抗抑郁药物（选择性 5-HT 再摄取抑制剂型抗抑郁药物）治疗反应之间的关系，研究发现高活性 MAOA 等位基因是抑郁的风险因素的假设。该研究还发现相比 3R 低活性等位基因而言，女性重性抑郁病人中高活性 4R 等位基因的比例较高，而且 4R 等位基因对抗抑郁治疗亦有较差的反应。Schulze 等于 2000 年以 146 名重性抑郁患者与 101 名健康被试进行对照研究，发现高活性 MAOA 等位基因携带者在女性重性抑郁患者中的分布显著多于控制组。2010 年 Fan 等对 2008 年 10 月前公开发表的 MAOA 基因与抑郁间的直接关联研究进行了元分析，结果表明MAOA 基因对重性抑郁有直接效应，高活性 MAOA 等位基因携带者罹患重性抑郁的风险显著高于低活性等位基因，但这一结果仅限于亚洲男性中[①]。随后的相关研究也进一步验证了元分析的研究发现，一项对 1228 名平均年龄 50.3 岁的西班牙人的调查显示，高活性 MAOA 等位基因与女性抑郁的发生有着显著关联；Lung、Tzeng、Huang 和 Lee（2011）对 1022名中国汉族被试的研究结果显示，高活性 MAOA 等位基因在男性抑郁患者中分布较高[②]。然而，也有部分研究得出了与上述研究不一致甚至矛盾的结

① FAN M，LIU B，JIANG T，et al. Meta-analysis of the association between the monoamine oxidase—a gene and mood disorders [J]. Psychiatric genetics，2010，20（1）：1-7.

② LUNG F W，TZENG D S，HUANG M F，et al. Association of the MAOA promoter uVNTR polymorphism with suicide attempts in patients with major depressive disorder [J]. Bmc medical genetics，2011，12.

论。例如，Brummett 于 2007 年在一项对 85 名白种人和非裔美国人的男性抑郁症患者的研究中发现，低活性 MAOA 等位基因携带者的抑郁水平更高；2009 年，张洁旭、陈彦博、张克让、许琪和沈岩对中国汉族 521 名重性抑郁患者及 566 名对照组被试的调查发现了相反的结论，携带低活性 MAOA 等位基因的女性罹患重性抑郁的风险反而更高。由此可见，虽然 MAOA 基因与抑郁直接关联的研究结论并不一致，但两者之间的确存在着十分密切的关系，可能由于生存环境因素会出现不同的结果，但二者的关系极大可能会丰富对于抑郁研究的理论。此外，值得注意的是，梳理既有研究，我们发现 MAOA 基因对抑郁的直接效应存在很明显的性别差异，尽管这一性别差异的具体模式在不同人群中并不完全一致，但这或许也是既有研究结论分歧的原因之一。因此本章也将会从大学生 MAOA 基因着手，探究其与抑郁之间的关系，从而丰富抑郁理论。

二、大学生抑郁易感基因的总体分布情况

（一）大学生 TPH2 基因的总体分布情况

通过对湖南某大学 556 名（本研究中抑郁大学生共 270 人，缺失 14 人，因此选取 256 人进行 DNA 分型，然后从非抑郁的 808 人中随机选取 300 人作为对照组进行 DNA 分型）大学生的 TPH2 基因的多态性进行分型，结果见表 4-1。由表 4-1 可知，本研究中大一新生的 TPH2 基因 rs41317118、rs17110747、rs4570625 以及 rs7305115 多态性在本实验中的数据不常见的等位基因发生频率与中国人群数据库中数据不常见的等位基因发生频率差异不大，这说明本研究选取的研究对象的基因组信息与中国人群基因组信息比较接近。

表 4-1　大学生 TPH2 基因多态性总体分布情况（$n=556$）

TPH2 基因位点	MAF（本研究数据）		MAF（1000g-CHB 数据）	
rs41317118	0.030	A	0.053	A
rs17110747	0.252	A	0.264	A
rs4570625	0.495	G	0.440	G
rs7305115	0.465	G	0.450	G

注：MAF 为最小等位基因频率；1000g-CHB：全民基因组计划。

（二）大学生 BDNF 基因的总体分布情况

从调查数据中筛选出 556 名大一学生被试进行 DNA 分型，结果显示，BDNF 基因中 rs6265 多态性、rs988748 多态性、rs7104207 多态性在本研究中的最小等位基因频率分别为 0.489，0.378，0.359，并将其数据与我国人群数据库中不常见的等位基因数据（1000g-CHB 数据）进行比对，发现本研究数据等位基因的发生频率和我国 1000g-CHB 数据库中不常见等位基因的发生频率的差异不明显（见表 4-2）。这表明本研究中被试基因组信息和我国人群基因组信息相近。

表 4-2 大学生 BDNF 基因多态性总体分布情况（$n=556$）

BDNF 基因位点	MAF（本研究数据）		MAF（1000g-CHB 数据）	
rs6265	0.489	G	0.517	G
rs988748	0.378	G	0.488	G
rs7104207	0.359	T	0.394	T

注：MAF 为最小等位基因频率；1000g-CHB：全民基因组计划。

三、基因多态性对大学生抑郁的预测作用

（一）TPH2 基因多态性对大学生抑郁的影响

1. TPH2 基因多态性在抑郁与非抑郁大学生的差异分析

通过对湖南某大学 556 名（本研究中抑郁大学生共 270 人，缺失 14 人，因此选取 256 人进行 DNA 分型，然后从非抑郁的 808 人中随机选取 300 人作为对照组进行 DNA 分型）大学生的 TPH2 基因 rs41317118、rs17110747、rs4570625 以及 rs7305115 多态性的基因型与等位基因在抑郁与非抑郁大学生上的频率比较分析，结果见表 4-3。经 Hardy-Weinberg 平衡的吻合度检验，两组的 TPH2 基因 rs41317118、rs17110747、rs4570625 以及 rs7305115 多态性的基因型符合 Hardy-Weinberg 平衡定律（$p>0.05$）。由表 4-3 可知，本研究中大一新生的 TPH2 基因 rs41317118、rs17110747、rs4570625 以及 rs7305115 多态性的基因型与等位基因在抑郁与非抑郁大学生上的分布无统计学差异（$p>0.05$），即抑郁与非抑郁大学生的 TPH2 基因 rs41317118、rs17110747、rs4570625 以及 rs7305115 多态性的基因型与等位基因的总体分布无显著差异。

表 4-3 　 TPH2 基因多态性在抑郁与非抑郁大学生的差异

TPH2 基因位点		G/A	G/G	A/A	A	G
rs41317118	非抑郁	13(4.3%)	287(95.7%)	—	13(2.2%)	587(97.8%)
	抑郁	16(6%)	240(94%)	—	16(3.1%)	496(96.9%)
	χ^2值		0.554	χ^2值		0.547
rs17110747	非抑郁	111(37%)	171(57%)	18(6%)	147(24.5%)	453(75.5%)
	抑郁	86(33.6%)	146(57%)	24(9.4%)	134(26.2%)	378(73.8%)
	χ^2值		1.421	χ^2值		0.236
rs7305115	非抑郁	161(53.8%)	60(20.1%)	79(26.1%)	319(53.2%)	281(46.8%)
	抑郁	116(45.3%)	60(23.4%)	80(31.3%)	278(53.9%)	238(46.1%)
	χ^2值		2.185	χ^2值		0.024
		G/T	T/T	G/G	G	T
rs4570625	非抑郁	150(50%)	77(25.5%)	73(24.5%)	297(49.5%)	303(50.5%)
	抑郁	134(52.3%)	62(24.2%)	60(23.4%)	254(49.6%)	238(50.4%)
	χ^2值		0.167	χ^2值		0.001

2. TPH2 基因多态性在性别上的差异分析

对以上被试大学生的 TPH2 基因 rs41317118、rs17110747、rs4570625 以及 rs7305115 多态性的基因型与等位基因在性别上的频率比较分析，结果见表 4-4。由表 4-4 可知，本研究中大一新生的 TPH2 基因 rs41317118、rs17110747、rs4570625 以及 rs7305115 多态性的基因型与等位基因在性别上的分布无统计学差异（$p > 0.05$），即男大学生与女大学生的 TPH2 基因 rs41317118、rs17110747、rs4570625 以及 rs7305115 多态性的基因型与等位基因的总体分布无显著差异。

表 4-4 　 TPH2 基因多态性在性别上的差异

TPH2 基因位点		G/A	G/G	A/A	A	G
rs41317118	男	1(1%)	144(99%)	—	1(0.6%)	289(99.4%)
	女	27(6.5%)	384(93.5%)	—	27(3.2%)	795(96.8%)
	χ^2值		3.348	χ^2值		3.259
rs17110747	男	43(30%)	93(64%)	9(6%)	61(21%)	235(79%)
	女	155(37.7%)	224(54.5%)	32(7.8%)	219(26.6%)	603(73.4%)
	χ^2值		2.053	χ^2值		1.818

（续表）

TPH2 基因位点		G/A	G/G	A/A	A	G
rs7305115	男	86(59%)	23(16%)	36(25%)	158(54.4%)	132(45.6%)
	女	194(47.2%)	96(23.4%)	121(29.4%)	436(53%)	386(47%)
	χ^2值	3.398		χ^2值	0.086	
		G/T	T/T	G/G	G	T
rs4570625	男	74(51%)	35(24%)	36(25%)	147(50.6%)	143(49.4%)
	女	208(50.6%)	105(25.5%)	98(23.8%)	404(49.1%)	418(50.9%)
	χ^2值	0.115		χ^2值	0.106	

3. TPH2 基因多态性在独生与非独生子女上的差异分析

对以上大学生的 TPH2 基因 rs41317118、rs17110747、rs4570625 以及 rs7305115 多态性的基因型与等位基因在独生与非独生子女上的频率比较分析，结果见表 4-5。由表 4-5 可知，本研究中大一新生的 TPH2 基因 rs41317118 与 rs7305115 多态性的基因型与等位基因在独生与非独生子女上的分布无统计学差异（$p>0.05$），即独生子女与非独生子女的 TPH2 基因 rs41317118 与 rs7305115 多态性的基因型与等位基因的总体分布无显著差异；大一新生的 TPH2 基因 rs17110747 与 rs4570625 多态性的基因型在独生与非独生子女上的分布无统计学差异（$p>0.05$），但其等位基因在独生与非独生子女上的分布具有统计学差异（$p<0.05$），即独生子女与非独生子女的 TPH2 基因 rs17110747 与 rs4570625 多态性的基因型总体分布无显著差异；但其等位基因的总体分布具有显著差异（$p<0.05$）。

表 4-5　TPH2 基因多态性在独生与非独生子女上的差异

TPH2 基因位点		G/A	G/G	A/A	A	G
rs41317118	独生	16(6.4%)	233(93.6%)	—	16(3.2%)	482(96.8%)
	非独生	13(4.1%)	294(95.9%)	—	13(2.1%)	601(97.9%)
	χ^2值	0.838		χ^2值	0.815	
rs17110747	独生	84(33.6%)	155(62.1%)	10(4.3%)	105(21.1%)	393(78.9%)
	非独生	115(37.6%)	161(52.4%)	31(10%)	177(28.8%)	437(71.2%)
	χ^2值	5.031		χ^2值	4.880*	
rs7305115	独生	123(49.3%)	53(21.4%)	73(29.3%)	268(53.9%)	230(46.1%)
	非独生	159(51.8%)	63(20.6%)	85(27.6%)	328(53.5%)	286(46.5%)
	χ^2值	0.192		χ^2值	0.010	

（续表）

TPH2 基因位点		G/T	T/T	G/G	G	T
	独生	116(46.4%)	59(23.6%)	75(30%)	265(53.2%)	233(46.8%)
rs4570625	非独生	166(54.1%)	81(26.5%)	60(19.4%)	258(42%)	356(58%)
	χ^2值	4.710		χ^2值	7.417**	

注：* 表示 $p<0.05$；** 表示 $p<0.01$。

4. TPH2 基因多态性与抑郁之间的相关分析

通过对湖南某大学大学生回收的有效问卷分析其 TPH2 基因 rs41317118、rs17110747、rs4570625 以及 rs7305115 多态性与抑郁间的相关关系，结果如表4-6。由表4-6数据可知，TPH2 基因 rs41317118、rs17110747、rs4570625 以及 rs7305115 多态性与抑郁不存在相关关系（$p>0.05$）；TPH2 基因 rs17110747、rs41317118、rs7305115 以及 rs4570625 多态性存在两两之间的显著相关（$p<0.05$）。

表 4-6　TPH2 基因多态性与抑郁之间的相关分析

项目	1	2	3	4	5
1	—				
2	−0.05	—			
3	−0.08	−0.27**	—		
4	−0.05	−0.12*	0.32**	—	
5	0.05	0.13*	−0.29**	−0.27**	—

注：1=抑郁；2=rs41317118；3=rs17110747；4=rs7305115；5=rs4570625；* 表示 $p<0.05$；** 表示 $p<0.01$。

5. 分析与讨论

上述结果显示，TPH2 基因多态性在本实验中的数据不常见的等位基因发生频率与中国人群数据库中数据不常见的等位基因发生频率差异不大，这说明本实验选取的研究对象的基因组信息与中国人群基因组信息比较接近，说明被试选取比较合理；抑郁与非抑郁大学生的 TPH2 基因 rs41317118、rs17110747、rs4570625 以及 rs7305115 多态性的基因型与等位基因的总体分布无显著差异；男大学生与女大学生的 TPH2 基因 rs41317118、 rs17110747、rs4570625 以及 rs7305115 多态性的基因型与等位基因的总体分布无显著差异。抑郁与 TPH2 基因 rs41317118、rs17110747、rs4570625 以及 rs7305115 多态性的相关不显著（$p > 0.05$）；TPH2 基因 rs41317118、rs17110747、rs4570625 以及 rs7305115 多态性之间两两相关显著。本研究得出抑郁与 TPH2 单基因没有显著相关，与已有结论不相符，这可能是由于研究选取的都是大学生，样本代表性不足。

6. 小结

结果表明，本研究 TPH2 基因与抑郁情绪没有显著相关，这可能与样本选取有关，我们选取的是有抑郁情绪的（流调中心抑郁量表得分大于 16 分）大学生，其抑郁程度还没有达到重性抑郁症的抑郁程度标准。

（二）5-羟色胺受体（5-HTR1A）基因多态性对大学生抑郁的影响

1. 5-HTR1A 基因总体分布情况

表 4-7　5-HTR1A 基因总体分布情况

rs6295	G/G	G/C	C/C	G	C
人数	326 (58.6%)	198 (35.7%)	32 (5.7%)	850 (76.4%)	262 (23.6%)
χ^2	0.014				

据上表可知，5-HTR1A 基因 rs6295 位点其观测值与期望值吻合良好（$\chi^2 = 0.014$，$df = 1$，$p > 0.05$），符合 Hardy-Weinberg 平衡定律。

2. 5-HTR1A 基因多态性在抑郁与非抑郁大学生的差异分析

本研究中大一新生的 5-HTR1A 基因 rs6295 多态性的基因型与等位基因在抑郁与非抑郁大学生上的分布差异无统计学意义（$p > 0.05$），即 5-HTR1A 基因基因型与等位基因的总体分布在抑郁与非抑郁大学生中无显著差异。

表 4-8　5-HTR1A 基因在抑郁与非抑郁大学生分布情况

rs6295		G/G	G/C	C/C
类别	抑郁	155	89	12
	非抑郁	167	112	21
χ^2值		1.027		

3. 5-HTR1A 基因多态性在大学生性别的差异分析

本研究中大一新生的 5-HTR1A 基因 rs6295 多态性的基因型与等位基因在性别上的分布无统计学的差异（$p > 0.05$），即男大学生与女大学生的总体分布无显著差异。如表 4-9：

表 4-9　5-HTR1A 基因在性别上的差异

rs6295		G/G	G/C	C/C
性别	男	95	45	5
	女	230	154	27
χ^2 值			2.442	

4. 5-HTR1A 基因多态性在独生与非独生子女上的差异分析

表 4-10　独生与非独生子女在 5-HTR1A 基因多态性上的差异

rs6295		G/G	G/C	C/C
是否独生	独生	146	89	14
	非独生	180	109	18
χ^2 值		0.003		

由上表可知，大一新生的 5-HTR1A 多态性的基因型总体在是否独生上的分布差异无统计学意义（$p > 0.05$），即是否独生子女之间的总体分布无显著差异。

5. 5-HTR1A 基因多态性与抑郁之间的相关分析

通过表 4-11 可知，抑郁与 5-HTR1A 基因 rs6295 位点多态性相关不显著（$p > 0.05$）；是否携带 G/G 基因型与抑郁的发生率没有显著相关。说明 5-HTR1A 基因 rs6295 位点基因多态性与抑郁不相关。

表 4-11　5-HTR1A 基因多态性与抑郁之间的相关分析

项目	rs6295	抑郁得分
t		0.36

6. 分析与讨论

上述结果表明，所选取的大学生 5-HTR1A 基因 rs6295 位点符合 Hardy-Weinberg 平衡定律，被试选取较为合理；大学生 5-HTR1A 基因型在抑郁个体与非抑郁个体中不存在显著差异；且大学生 5-HTR1A 基因型在是否独生子女与性别之间不存在显著差异；最后一项相关分析通过分析得出大学生 5-HTR1A 基因 rs6295 位点多态性与抑郁不存在显著相关，与有些实验结论不同，其原因可能与被试样本选取有关，也可能与被试年龄阶段分布不广有关[①]。

7. 小结

本研究通过调查大学生 5-HTR1A 基因 rs6295 位点多态性与抑郁之间的关系，发现 5-HTR1A 基因 rs6295 位点多态性与抑郁不存在显著相关，其结果与有些实验不符，其原因可能是由于被试年龄分布不广或样本差异所导致的。

（三）脑源性神经营养因子（BDNF）基因多态性对大学生抑郁的影响

1. BDNF 基因多态性在抑郁与非抑郁大学生的差异分析

由表 4-12 可发现，本研究中大一新生的 BDNF 基因 rs6265 多态性的基因型与等位基因在抑郁与非抑郁大学生上的分布无统计学的差异（$p > 0.05$），即抑郁与非抑郁大学生的 BDNF 基因基因型与等位基因的总体分布无显著差异。

表 4-12　BDNF 基因在抑郁与非抑郁大学生分布情况

rs6265		T/T	C/T	C/C
类别	抑郁	76	118	62
	非抑郁	86	129	85
χ^2 值			0.645	

2. BDNF 基因多态性在大学生性别的差异分析

表 4-13　BDNF 基因在性别上的差异

rs6265		T/T	C/T	C/C
性别	男	52	52	43
	女	89	201	121
χ^2 值			7.479*	

注：* 表示 $p < 0.05$。

通过表 4-13 数据可发现，本研究中大一新生的 BDNF 基因 rs6265 多态性的基因型与等位基因在性别上在统计学上的分布存在差异（$p < 0.05$），即男大学生与女大学生的总体分布有显著差异。具体表现为女生在 C/T 基因型个体所占比例更大。

[①] 朱宇章，张英，马欢，等. HTR1A 基因-1019C/G 多态性与重性抑郁障碍及氟西汀疗效的关联研究 [J]. 中国医科大学学报，2010，(6)：467-469.

3. BDNF 基因多态性在独生与非独生子女上的差异分析

表 4-14 BDNF 基因多态性在独生与非独生子女上的差异

rs6265		T/T	C/T	C/C
是否独生	独生	82	117	50
	非独生	81	126	100
χ^2 值			6.065*	

注：* 表示 $p < 0.05$。

据上表可知，大一新生 BDNF 多态性的基因型总体在是否独生上的分布存在统计学上的差异（$p > 0.05$），即是否独生子女的总体分布有显著差异，具体表现为非独生子女 C/C 基因型比独生子女所占比例更大。

4. BDNF 基因多态性与抑郁之间的相关分析

由表 4-15 可知，抑郁与 BDNF 基因多态性的相关显著（$p < 0.05$）；携带 T/T 基因型的个体更容易发生抑郁，说明 BDNF 基因与抑郁有着显著相关。

表 4-15 BDNF 基因多态性与抑郁之间的相关分析

项目	rs6265	抑郁得分
t	0.329**	

注：** 表示 $p < 0.01$。

5. 分析与讨论

本研究通过探索抑郁与 BDNF 基因多态性之间的关系，结果发现，BDNF 基因 rs6265 位点的观测值与期望值吻合良好（$\chi^2 = 0.014$，$df = 1$，$p > 0.05$），符合 Hardy-Weinberg 平衡定律；针对大一新生的分析发现，其 BDNF 基因 rs6265 多态性的基因型与等位基因在抑郁与非抑郁大学生上的分布不存在显著的统计学差异；BDNF 基因 rs6265 多态性的基因型与等位基因在性别上的分布存在统计学上的差异（$p < 0.05$），即男大学生与女大学生的总体分布有着显著差异。具体为女生在 C/T 基因型个体中所占比例更大；BDNF 多态性的基因型在是否独生上的分布存在统计学上的差异（$p < 0.05$），具体表现为非独生子女 C/C 基因型比独生子女所占比例更大；抑郁与多态性 BDNF 的相关显著（$p < 0.05$）；携带 T/T 基因型的个体更容易发生抑郁，说明 BDNF 基因与抑郁有着显著相关。

6. 小结

本研究为验证脑源性神经营养因子 BDNF 基因 rs6265 位点多态性与抑郁之间的关系，通过结果可知 BDNF 基因 rs6265 位点多态性与抑郁存在显著相关，具体为携带 T/T 基因型为易感基因，更容易产生抑郁情绪。

（四）单胺氧化酶 A（MAOA）基因多态性对大学生抑郁的预测作用

1. MAOA 基因总体分布情况

由表 4-16 可知，本研究中大一新生的 MAOA 基因 rs3027407、rs6323 多态性在本实验中的数据不常见的等位基因发生频率与中国人群数据库中数据不常见的等位基因发生频率差异不大，这说明本研究选取的研究对象的基因组信息与中国人群基因组信息比较接近。

表 4-16　大学生 MAOA 基因多态性总体分布情况

MAOA 基因位点	MAF（本研究数据）		MAF（1000g-CHB 数据）	
rs6323	0.390	G	0.401	G
rs3027407	0.390	T	0.287	T

注：MAF：最小等位基因频率；1000g-CHB：全民基因组计划。

2. MAOA 基因多态性在抑郁与非抑郁大学生的差异分析

表 4-17　MAOA 基因在抑郁与非抑郁大学生分布情况

rs6323		G/G	G/T	T/T
类别	抑郁	100	106	50
	非抑郁	129	111	60
χ^2 值			0.672	

见上表可知，本研究中大一新生的 MAOA 基因 rs6323 多态性的基因型与等位基因在抑郁与非抑郁大学生上的分布无统计学的差异（$p > 0.05$），即抑郁与非抑郁大学生的 MAOA 基因基因型与等位基因的总体分布无显著差异。

3. MAOA 基因多态性在大学生性别的差异分析

由表 4-18 可知，本研究中大一新生的 MAOA 基因 rs6323 多态性的基因型与等位基因在性别上的分布存在统计学上的差异（$p < 0.001$），即男大学生与女大学生的总体分布有着显著差异。具体为女生在 G/T 基因型个体所占比例更大。

表 4-18　MAOA 基因在性别上的差异

rs6323		G/G	G/T	T/T
性别	男	100	2	43
	女	130	214	67
χ^2 值			64.651***	

注：*** 表示 $p < 0.001$。

4. MAOA 基因多态性在独生与非独生子女上的差异分析

据表 4-19 可知，大一新生的 MAOA 多态性的基因型总体在是否独生上的分布不存在统计学的差异（$p > 0.05$），即是否独生子女的总体分布无显著差异。

表 4-19　MAOA 基因多态性在独生与非独生子女上的差异

rs6323		G/G	G/T	T/T
是否独生	独生	112	80	57
	非独生	119	134	54
χ^2 值			4.339	

5. MAOA 基因多态性与抑郁之间的相关分析

通过湖南某大学大学生回收的有效问卷分析其 MAOA 基因多态性与抑郁间的相关关系，得出以下结果（见表 4-20）。由表 4-20 可知，抑郁与MAOA 基因多态性的相关不显著（$p > 0.05$）；即 MAOA 基因型与抑郁之间没有显著相关。

表 4-20　MAOA 基因多态性与抑郁之间的相关分析

项目	rs6323	抑郁得分
t	0.046	

6. 分析与讨论

本研究主要为探究 MAOA 基因多态性与抑郁之间关系，研究发现，基因 rs6323 位点其观测值与期望值吻合良好（$\chi^2 = 4.339$，$df = 1$，$p > 0.05$），符合 Hardy-Weinberg 平衡定律；其中大一新生的 MAOA 基因 rs6323 多态性的基因型与等位基因在抑郁与非抑郁大学生上的分布无显著统计学差异（$p > 0.05$）；MAOA 基因 rs6323 多态性的基因型与等位基因在性别上的分布存在统计学上的差异（$p<0.001$），即男大学生与女大学生的总体分布有着显著差异。具体为女生在 G/T 基因型个体所占比例更大；抑郁与多态性 BDNF 的相关显著（$p<0.05$）；MAOA 多态性的基因型总体在是否独生上的分布不存在统计学上的差异；抑郁与 MAOA 基因多态性的相关不显著（$p>0.05$）；即 MAOA 基因型与抑郁之间没有显著相关。

7. 小结

本研究为验证单胺氧化酶 A（MAOA）基因 rs6323 位点多态性与抑郁之间的关系而展开，通过结果可知 MAOA 基因 rs6323 位点多态性与抑郁不存在显著相关，与部分实验结论不符合，其原因可能是样本选取局限或被试年龄分布不广，又或是在中国大学生群体中该位点与抑郁本就没有关系。

第五章
社会心理因素对大学生抑郁的影响机制

第一节　调查背景与方法

一、调查背景

（一）社会心理因素

　　生活在现实社会中的人，其活动无不体现着物理、化学、生物的因素与社会因素、心理因素的相互作用。作为对于人的影响与物质背景的影响同样重大的社会心理因素，其主要包括两个方面：（1）社会因素：指个体所处的外在环境中该个体与其他人的关系。从时间上看，人一生经历着从简单到复杂的社会环境。个体刚出生时处于幼儿期，主要的社会环境是家庭，主要的人际关系是其与家庭成员如父母、兄弟、亲人等之间的关系。随着年龄的增长进入学校之后，在原有家庭关系的基础上增加了与同学、伙伴、教师的关系。参加工作之后，又增加了与上司下属之间，与同事之间的关系。同时，原有关系的内容也发生了变化。如家庭关系由原来的与双亲、兄弟、姐妹的关系逐渐向夫妻关系与子女关系等变化。在一个相当长的时间之内，一定的区域或某一人群，为了维护各成员之间的关系，形成一种彼此均可以接受的"稳定态"，于是就出现了具有一定特征的道德规范、伦理观念、法律准则乃至乡规民约，出现了特定的社会组织形式。作为上述这些出现物的派生，于是又产生了人的审美标准、价值观念、责任感等，产生了具有一定特征的文学、艺术等，这些就构成了社会文化。社会文化与上述各社会成员间的相互关系共同构成社会因素。（2）心理因素：心理因素指个体本身的心理素质、心理发育和心理反应特点等。不良的心理刺激常可导致机体的心理或生理反应，在一定条件下可以造成机体生理和心理的改变而致病。一般而言，恶性的心理因素，如引起人们损失感、威胁感和不安全感的心理因素易于引起心身疾病；而良性的心理因素，如引起人们愉快感或舒适感的心理因素则往往是对健康有益的。心理因素与社会因素是密不可分的，心理因素强调个体的内容，社会因素强调环境内容。

（二）影响抑郁的社会心理因素

近几年流行病学研究显示，抑郁的发病年龄逐渐降低，成年抑郁症患者中有 75％首次抑郁发生于大学生时期（Rossoi, Cintron, Steingard, et al, 2013）。抑郁是一种疾病，且常常伴随着失望、不适、缺乏动力和希望、自尊以及情绪的下降。由此对于抑郁的发病机制的研究一直是当代学者最热门的问题之一。对于影响抑郁的社会心理因素，众多学者认为，个体生活事件、人格因素、应对方式、父母教养方式等对于抑郁的产生有着极大的影响，因此本章将从这四个方面对于抑郁发病机制作探究与验证。

1. 生活事件与应激

自 20 世纪 30 年代，生活事件作为一种常见的心理社会应激源对身心健康的影响开始引起广泛关注。应激源又称应激因素，指任何能产生应激反应的有害刺激，应激源是多种多样的，不同学者有不同的分类。按不同环境因素，将应激源分为三大类：①家庭环境因素：如父母离异、亲子关系恶劣等；②工作或学习环境：如工作负担过重、职业转换等；③社会环境因素：如严重的自然灾害、交通事故等。生活事件存在于各种社会文化因素之中，诸如人们的生活和工作环境、经济条件、风俗习惯、社会人际关系、家庭状况、社会地位、职业、角色适应和变换、社会制度、文化传统、种族观念、恋爱婚姻、宗教信仰等。生活事件是最早被注意的影响健康的心理应激因素之一。国内外研究显示，应激性生活事件会使得神经内分泌等系统发生改变，造成生理心理障碍，从而影响个体健康。瑞利泰尔认为：人类疾病一半以上与应激源有关，这些影响人类健康的应激源主要来自社会及人与人之间的相互交往。1980 年，美国精神病学会（APA）在 DSM-Ⅲ上增加了近期内应激事件发生的严重程度的编码，反映了生活事件的诱发或协同疾病发生的作用日益受到关注。研究还进一步揭示生活事件能否引起个体心理生理反应，并进而导致健康问题，这不仅与生活事件本身所特有的属性（发生频率、刺激强度、持续时限）有关，还与个体对事件的应对方式和个体本身的人格特质有关系，对事件的认知评价又受年龄、文化程度、性别、性格、文化背景、生活阅历等多种因素的影响。

应激概念来源于物理学，指物体受到其他外力的作用时，在其内部会产生一个与之相应的力，使得物体形变不会受损。人类亦与外界物体类似，也会在遇到干扰事物时产生应激从而抵抗外力而不失去其弹性。生理学家于1932年首先把应激概念应用于对人的研究中，但大多是单纯强调应激的非特异性生理反应，把个体应激反应当作刺激—反应模型，而缺乏对个体内部心理过程的探究。随后，一些学者开始关注应激产生的心理机制。都赫恩（Dohren，2010）认为，应激状态是个体经受外界刺激从而产生先发的紧张状态和随后为消除紧张状态而做出的努力之间的状态。个体心理上的紧张状态大多来源于外部现实，由此对应激的研究又转向于外部现实。有研究证实，只有在有应激情境下的个体才会有应激痕迹。由此，对应激源的研究成为应激研究的重要方面。但应激源对不同的个体的影响却是不同的，有些个体表现出受到应激的影响，而有些个体则将刺激事件视为一种挑战，不受应激的影响，而有些人却有可能被刺激事件所击倒。因而，学者普遍认为应激是环境与个体间交互的结果。

为了探讨外界应激事件对身心健康的影响，学者便开始对个体所发生的生活事件进行量化研究，并编制了生活事件量表。自1967年美国华盛顿大学霍尔姆（Holmes）教授编制的SRRS（Social Readjustment Rating Scale）量表问世以来，越来越多的研究者积极参与生活事件量表的编制和修订，用科学的方法测量生活事件与生活事件在个体各个发展阶段所产生的影响，多以应激生活事件与抑郁障碍的关系的探究为主，大多关注的是比较重大或频繁事件对生活的短期影响，多以一年内发生的事件为主要测量对象。

从20世纪80年代以来，我国学者依据我国居民特点先后编制了各种生活事件量表。较有代表性的有：张明园等编制的生活事件量表、张亚林等编制的LES、王宇中等编制的大中专学生生活事件量表、郑延平等编制的紧张性生活事件评定量表（SLERS）、费立鹏等专为开展自杀研究编制的生活事件量表以及 ALSEC 量表。针对大学生群体，目前较为广泛应用的量表是刘贤臣等于 1987 年编制的青少年自评生活事件量表（ALSEC）。该量表是刘贤臣等在综括国内外文献的基础上，结合青少年的生理、心理特点以及所扮演的家庭社会角色而编制的，是用于评定青少年（尤其是中学生和大学生）生活事件发生频度和应激强度的自评量表。该量表包括 27 个题目、6 个因子，对每个事件的回答方式应先确定该事件在限定时间内（如 12 个月）发生与否，若发生过则根据事件发生时的心理感受进行 5 级评定，因子得分越高，提示个体在某一方面所遇到的负性事件越多且应激强度越大。且该量表具有良好的信度与效度，并且重测和内部一致性较高，分级评定，便于统计分析，是研究大学生生活事件较好的心理社会应激评定工具①。本研究采用由刘贤臣修订的大学生自评生活事件量表（ASLEC）来考察大学生生活事件与抑郁的关系。

2. 人格

"人格"（personality）一词来自拉丁文"person"，原意是面具，是戏剧人物的角色及身份。许多人把人格定义为面具，心理学家把人格看作每个人公开的自身，它是人们从自身筛选出来并公之于众的一个侧面。同时，也包括个人被隐藏起来的真实的自我（黄希庭，1998）。一般认为，人格不单指性格，还应包括气质、能力、信念等内容。其中，人格的组成特质是因人而异、五花八门的。人格心理学往往会针对这一现象，深入研究人格的构成特征及其形成过程，从而推测它对塑造人的行为有何影响。

人格是一个有着颇多歧义的概念。不同的研究者对人格有着不同的理解，所下的定义也不相同。在国外，心理学家奥尔波特曾列出过 50 种不同的人格的定义，他把人格定义为：人格是个体内在心理物理系统中的动力组织，它决定人对环境顺应的独特性。美国学者波歌将人格定义为发生在个体身上的人际过程和稳定的行为方式。珀文对人格的定义则较为详细，他认为：人格是一个包含了认知、情感和行为的复杂组织，它赋予个人生活的倾向和模式。像身体一样，人格包含结构和过程，并且反映着天性（先天基

---

① 梁红，费立鹏. 探讨国内生活事件量表的应用［J］. 中国心理卫生杂志，2005，19（1）：42-44.

因）和教养（后天经验）。此外，人格还包含了过去的影响及对现在和未来的建构①。我国心理学界一般将人格定义为：人格是个人相对稳定的比较重要的心理特征的总和。这些心理特征包括个人的能力、气质、兴趣、爱好、倾向性等，它们是在生理素质的基础上，通过社会实践逐渐形成和巩固的。学者陈仲庚与张雨新合著的关于论述人格心理的专著《人格心理学》中，将人格的定义为：人格是个体内在行为上的倾向性，它表现一个人在不断变化中的全体和综合，是具有动力一致性和连续性的持久自我，是个人在社会化过程中给人以特色的身心组织。这种解说强调了人格的 4 个方面：全体的人、持久的自我、有特色的个人和社会化的客体。

在综合国内外学者的观点后，本研究将人格界定为：人格是个体在行为上的内部倾向，它表现为个体适应环境时在能力、需要、动机、情绪、价值观、气质、兴趣、态度、性格和体质等方面的整合，是具有连续性和动力一致性的自我，是个体在社会化过程中形成的给人以特色的身心组织。人格具有独特性、社会性、整体性和稳定性四大基本特性。

人格是异常复杂的心理结构。对人格结构的研究最有代表性的是特质论和类型论。艾森克继承先前实验心理学家的工作，通过对由实验、问卷与观察所得的大量人的特质资料进行因素分析，深入研究了人格维度。他认为研究人格特质有时可能会含混，只有研究人格维度才能清楚。他指出：维度乃是代表一个连续的尺度。每一个人都可以被测定在这个连续尺度上所占有的特定的位置，即测定每一个人具有该维度所代表的某一特质的多少。19 世纪已有心理学家提出人格图解的雏形。他们认为人格可以从两个直角维度来进行描写。按德国心理学家冯特的假设，一个维度是从情绪性强过渡到情绪性弱，另一个维度是从可变性过渡到不变性。艾森克则提出外—内倾、神经质、精神质、智力和守旧性—激进主义五个维度，但认为外—内倾、神经质和精神质是人格的三个基本维度。

最早对外—内倾概念做过研究的是奥地利精神病学家格罗斯。之后在瑞士心理学家荣格的著作中把外—内倾概念引入人格研究。后来又有不少学者对外—内体面型的人做了不少实际研究。艾森克的外—内倾概念，除了具有

---

① 郭永玉，张钊．人格心理学的学科架构初探［J］．心理科学进展，2007，15（2）：267-274.

其本身的一般含义外，还与神经系统的兴奋过程和抑制过程相联系。兴奋过程可以影响正在进行的感觉、认知和活动；抑制过程可以干扰或影响有机体正在进行的感觉、认知和活动。他发现高外倾性的人兴奋过程发生慢、强度弱、持续时间短，而抑制过程发生快、强度强、维持时间长，这种人难以形成条件反射；反之高内倾性的人兴奋过程发生快、强度强、持续时间长，而抑制过程发生慢、强度弱、维持时间短，这种人容易形成条件反射。1976年雷维尔等作了一项有关工作效果的研究。他们推论内倾的人在正常条件下，大脑皮层上已具有高度的兴奋水平，如果进一步提高他们的兴奋水平，那么就会降低被试的工作效果；外倾的人正常条件下大脑皮层兴奋水平相对较低，若提高他们的兴奋水平，就会提高被试的工作效果。他们的实际研究结果，证实了上述推论，支持了艾森克的观点。

　　艾森克对情绪性、自强度、焦虑（包括驱力）等进行研究后发现它们都是有同一性的。他把这一维度称为神经质。在他的用语中神经质与精神疾病并无必然的联系。艾森克指出情绪性（神经质）不稳定的人喜怒无常，容易激动；情绪性（神经质）稳定的人反应缓慢而且轻微，并且很容易恢复平静。他又进一步指出情绪性（神经质）与植物性神经系统特别是交感神经系统的机能相联系。艾森克认为可以用外—内倾和神经质两个维度来表示正常人格的神经症以及精神病态人格。艾森克认为精神质独立于神经质，它代表一种倔强固执、粗暴强横和铁石心肠的特点，并非暗指精神病。研究表明，精神质也可以用维度来表示，从正常范围过渡到极度不正常的一端。它在所有人身上都存在，只是程度不同而已。得高分者表现为孤独、不关心他人、心肠冷酷、缺乏情感和移情作用、对旁人有敌意、攻击性强等特点；低分者表现为温柔、善感等特点。如果个体的精神质表现出明显程度，则易导致行为异常。艾森克认为精神质与神经质维度一起可以表示各种神经质和各种精神病。

　　艾森克发现外—内倾和神经质两个维度在人格测量描述系统中处于醒目和稳定的地位。他又将外—内倾和神经质作为两个互相垂直的人格维度，且以外—内倾为纬，以神经质为经（表现为情绪稳定的一端和情绪不稳定的一端），绘制成人格结构图。艾森克在其两维空间组织起他认为基本的32种人格特质，且与古代的四种气质类型相对应。这种人格结构的图解为许多心理学家所接受。从图上不仅可以看出人格的四种类型（稳定外倾型、稳定内倾型、不稳定外倾型和不稳定内倾型）范围内所包含的8种人格特质，还可以根据个体某一高分数的特质，看图查出其所属的人格类型，或从维度的结合预测某个体可能会出现的特定的人格问题。

艾森克以外—内倾、神经质与精神质三种人格维度为基础，于1975年制定了艾森克人格问卷（EPQ）。它是由艾森克早期编制的若干人格量表组成的。EPQ是一种自陈量表，有成人（共90个项目）和少年（共81个项目）两种形式，各包括四个量表：E—外—内倾；N—神经质；P—精神质；L—谎造成自身隐蔽（即效度量表）。由于该问卷具有较高的信度和效度，用其所测得的结果可同时得到多种实验心理学研究的印证，因此它亦是验证人格维度的理论根据。

此外，塔佩斯等运用词汇学的方法对卡特尔的特质变量进行了再分析，提出了大五因素模型，这五个因素分别是开放性、责任心、外倾性、宜人性、神经质或情绪稳定性；特里根等用不同的选词原则，获得了7个因素，提出了大七人格模型，这七个因素是正情绪性、负效价、正效价、负情绪性、可靠性、宜人性、因袭性。相应地，学者们编制了"大五人格因素的测定量表（NEO-PI-R）""大七人格特征量表（IPC-7，1991）"。

目前，我国广泛应用的是经典的人格测验，如卡特尔16种人格因素量表（16PF）、艾森克人格问卷/简式问卷（EPQ）等。本研究使用的是艾森克人格简式问卷（EPQ）。

3. 应对方式

应对（coping）一词由其动词形式"cope"变化而来。"cope"原意为：有能力或成功地对付环境挑战或处理问题。但心理学家在使用时并不仅仅局限于词典的解释，他们做了许多探讨，提出了许多不同的定义。林都普（Lindop）认为，应对是一种行为，一种解决或消除问题的行为，旨在通过个体的努力来改变压力环境或由该环境引起的负性情感体验。这种行为可以由明确的思想所指导，也可以为隐藏的企图所驱动。曼斯尼（Matheny）等提出，应对为任何预防、消除或减弱应激源的努力，无论健康的还是不健康的、有意识的或无意识的，这种努力也可能是以最小的痛苦方式对应激的影响进行忍受。艾森伯格认为，应对是指个体面对压力时的自我调节，区分了三个方面：情绪调节、行为调节和由情绪驱动的行为调节，他认为应对是有努力参与的过程，但并非总是有意识和意志参与。卡姆帕斯（Compas）等从发展的角度看，将应对界定为压力反应的一系列过程的一个方面，将其定义为个体在面对压力事件和环境时，调节情绪、认知、行为和环境的有意识的意志努力。这些调节过程依赖于个体的生理、认知、社会和情绪的发展，同时，又受它们的限制。

应对方式的测量主要有三种方法：行为观测法、心理生理和表情测量法以及自我报告法。行为观测法指观察一个人在压力情境下的行为来推测他的应对方式。而且由于对应对行为指标选取上的困难以及较高的人力成本，行为观测法的使用比较有限。心理生理和表情测量法常需要一些较为精密的仪器作为测量工具，且在具体的操作过程中会产生一定的困难，因此采用这种方法测量应对方式的研究较少。相对来讲，自我报告法则是如今应用最为广泛的方法。而在自我报告法中使用最为广泛的则是问卷法。此外，还有经验取样法（experience sampling）、生态化的瞬时测量法（ecological momentary assessment）、日记记录法（daily diary recording）和关键事件分析法（critical incident analysis）①。

自70年代以来，许多研究者在进行压力与应对的研究时都编制了自陈式的应对方式问卷。其中最著名的是拉扎勒斯（Lazarus）和福克曼（Folkman）编制的WOC（the ways of coping）问卷。这些问卷的产生极大地促进了压力与应对的研究。但同时这些问卷本身也存在缺点，而且受到越来越多的批评。其批评大多集中在未受训练的个体被试在自我报告中的回忆偏差大。自陈式的应对方式问卷大体分为两种：一种是情境定向的问卷，一种是特质定向的问卷。前者是让被试报告他们在最近一段时间内（通常为一个月）所遇到的压力事件以及自己所采取的相应的应对方式。后者让被试报告他们一般是如何应对压力的。这两种问卷都需要被试对自己所采取的应对方式进行回忆。但是，大量的经验事实表明，人们不可能精确地回忆自己所采取的应对方式。一方面，从记忆能力来讲，个体不可能准确无误地回忆他所做过的所有事情。另一方面，个体对应对方式的回忆受应对结果的影响。

4. 父母教养方式

父母教养方式基于亲子关系，以家庭中的养育活动为主。由于它在个体社会化上起的重要作用，所以在心理学、社会学等领域备受重视。佩里斯

---

① 俞磊. 应付的理论、研究思路和应用［J］. 心理科学，1994（3）：169-174.

（Perris，1980）将父母教养方式定义为父母养育方式。不少研究者认为这种定义过于简单。Steinberg 和 Darling（1993）通过进一步研究指出，父母教养方式是父母和孩子们在养育过程中表现出的情感和话语的集合。这些言语、情感和态度形成的抚养氛围，会对孩子的成长产生潜移默化的作用。在国内，不同研究者从不同角度出发，有如下界定：戴国忠和施晓灵（1994）概括得更加具体，他们认为基于亲子关系的父母教养方式，是父母在家庭生活里抚养和教育孩子的过程中，表达与体现得比较刻板的、不容易改变的行为模式和倾向，既包括父母传递给孩子的养育态度，也包括父母在家庭中的行为所创造的情感氛围。父母履行责任式的、特定的、有目的的行为和自然表露的情绪变化、语调、姿势等非目的性教养行为，都属于父母教养方式。顾明远（1991）从广义和狭义的角度定义父母教养方式，认为其广义上是指家庭中两代人之间互相作用的一类教育模式，狭义上就是父母教育子女的方式。在父母教养方式的研究取向上，西蒙兹（Symonds，1939）最早将父母教养方式分为两个维度：接受—拒绝，支配—服从。Moyle、Baldwin 和 Scarisbrick（1948）则采用访谈与观察法将父母教养方式分为民主和控制两个基本维度。随着研究的进展，研究者开始着眼于对父母教养方式的模式类型的研究。其中最有代表性的是鲍姆林德（Baumrind，1967）的三种分类：权威型、宽容型和专制型。Snow 和 Maccoby（1983）进一步扩充了该理论，以父母对儿童的要求和反应为坐标轴划分，加上了第四种类型——忽视型。国内的研究者基于国外的理论基础，结合我国实际，将父母教养方式划分为溺爱、民主、放任、专制和不一致五种类型，或物质关怀、过度感受、拒绝、严厉惩罚、心理支持、偏爱六种类型。关于父母教养方式，不同的理论学派有不同观点。精神分析理论认为，父母不同特点决定了家庭中亲子关系的独特性。精神分析理论十分注重幼儿期发展特别是家庭中的父母教养方式，认为家庭环境的核心是父母与孩子在相处过程中表现出的情感态度。行为主义的早期理论认为，外界（环境）有怎样的强化，个体便会产生相应的行为。后来的社会学习理论在强化的基础上又增加了观察学习，强调父母示范和儿童榜样的重要性。相互作用理论则认为家庭中的影响是双向的，父母和子女对彼此的需要在互动中被满足，父母对子女行为的反馈塑造了子女的性格。而根据生态系统理论，家庭属于最贴近个体、最内层的，是起着塑造和发展个体行为重要作用的微观系统。

本研究倾向于从行为模式的角度，考察父母教养方式对大学生抑郁的影响。采用徐慧、张建新和张梅玲（2008）的定义，认为父母教养方式是父母在养育孩子长大成人的过程中，形成与体现的比较固定的、一致的行为模式，是父母各种养育行为的归纳与概括①。

Schaefer 于 1959 年根据孩子对父母的评价，最早编制了父母教养方式量表。Perris 等（1980）在此基础上编制了较为完整的父母教养方式评价量表（EMBU）。该量表包括母亲五个因子和父亲六个因子，共 81 题。后经过 Arrindell 等于 1991 标准化修订，形成 46 题的简化版（S-EMBU），传到我国后经我国学者蒋奖、鲁峥嵘、蒋苾菁和许燕（2010）的修订，得到了中文版 42 题的简化父母教养方式问卷（S-EMBU-C）。而另一份使用较广的父母教养方式问卷（PBI）是由 Parker 于 1979 年编制。该量表分成父亲和母亲两个子量表，分别包含了鼓励自主、关爱和控制三个维度。鼓励自主维度的分数越高，父母给予子女更多的空间，鼓励子女独立地解决日常生活所遇到的问题；关爱维度分数越高，父母则表现出对孩子越理解、宽容和温和；控制维度的分数越高，父母的管控就越多，越限制孩子的自由。蒋奖、许燕、蒋苾菁、于生凯和郑芳芳曾于 2009 年测量了 PBI 的效度和信度，结果显示其 α 系数在 0.74 至 0.85 之间，而重测信度在 0.62 至 0.77 之间。

二、问题提出

抑郁（depression）是一种常见的消极情绪，对个体的心理调适具有阻碍作用。调查表明，我国抑郁症发病的平均年龄约为 24 岁，且发病率随年龄的增长而升高。男性患病率约为 12%，女性在 10%～20% 之间。我国每年自杀未遂者有 200 万～250 万人，大约有 25 万人死于自杀。在自杀人群中有 40% 的人因为抑郁症没有得到及时、系统的治疗而死亡。

目前，我国已经有超过 4000 万人患有抑郁症。而在这些抑郁症患者中，有 70% 没有得到治疗，10%～15% 的人最终有可能死于自杀。国内外研究事实证明了古罗马哲学家西塞罗的论断：心理的疾病比起生理的疾病的发生率更高、危害更大。大学生由于学习压力、就业形势、理想与现实存在的各

---

① 徐慧，张建新，张梅玲. 家庭教养方式对儿童社会化发展影响的研究综述［J］. 心理科学，2008（4）：940-942.

种矛盾及心理状态的不成熟，更容易遭受抑郁的侵扰。有关研究显示，大学生群体抑郁检出率较高（大于 30%）①，抑郁影响到大学生的生活质量和主观幸福感，且发生率还在不断地增长。很明显，抑郁已成为大学生生活中的一个重要问题。抑郁不仅是一种痛苦的心理体验，还与吸烟、物品滥用、故意伤害、饮酒乃至自杀等不良行为息息相关。如此高的症状比例和所产生严重的不良后果使许多研究者开始探讨大学生抑郁状况的影响因素，如学校与家庭压力、生活事件、学习成绩、生理因素、人格、个体的人际关系、成就动机和不良应对方式等，但是同时基于多个外界因素和大学生自身因素，来探讨抑郁的研究并不多见。

本研究将抑郁作为因变量，从生活事件、人格因素、应对方式和父母教养方式四个因素的角度，深入探讨大学生抑郁的社会心理机制。

（一）研究意义

1. 理论意义

首先，目前国内对基于多个外界因素和大学生自身因素与抑郁关系的研究较少，本研究希望通过此方法能够促进对那些确实体验到抑郁情绪但又达不到抑郁症诊断标准的大学生抑郁的实验研究与理论研究，为研究大学生抑郁提供新思路。其次，本研究从大学生抑郁的发展规律和特点出发，通过社会应激因素（生活事件）与社会心理因素（人体因素、应对方式和父母教育方式）相结合，深入探讨大学生抑郁的社会心理机制，可以提高我们对大学生抑郁与其社会心理因素的关系的认识和理解，并能够为制定改善大学生抑郁情绪、提高其生活质量的干预措施提供理论基础。

2. 现实意义

（1）培养学生积极情绪的发展需要

目前不论是初高中还是大学校园中，学生最常说的一个词就是"郁闷"。常常表现出闷闷不乐，这说明个体处于不良的情绪状态，长期的消极情绪状态极易导致个体抑郁的产生，对大学生的学习生活、人际交往以及自我发展也会产生不好的影响。学校作为大学生所处时间最长、人格发展十分重要的场所之一，应从学生现实需要出发，不仅培养成绩较好的孩子，还应更好地培养和发展大学生积极情绪，形成优良的心理品质，促进大学生全面发展。

---

① 李彤. 大学生抑郁状况及相关因素调查［J］. 社会心理科学，2008，23（6）：67-73.

此外，积极的情绪会使得个体有着更好的愉悦体验，会对大学生的发展与成长起着积极的促进作用，其具体表现为以下五个方面：①积极情绪可以拓延知—行的个人资源，反之消极情绪则会减少了这一资源，而且，积极情绪有助于消除消极情绪所带来的不良影响。费瑞克森（Fredrickson）提出的关于积极情绪拓延—构建（broaden-and-build）理论，认为某些离散的积极情绪，包括高兴、满足、自豪、兴趣和爱，都有拓延人们瞬间的知—行的能力，有助于构建和增强人的个人资源，如增强人的智力、体力及社会协调性等。②积极情绪会促进认知过程。根据积极情绪的神经心理学和拓展—塑造理论，积极情绪会拓宽个体认知范围，提高思考和解决问题能力，还可以使得个体活动的目标性和计划性增加。③积极情绪可加强社会支持。消极情绪倾向于瓦解社会支持，而积极情绪体验和表达可得到更多的社会支持并加强社会联系。④积极情绪可以提高个体在应对压力时的能力。与消极个体相比较，更容易产生积极情绪的人被称为弹性个体。弹性个体会从外界应激性事件不良体验中迅速有效地恢复，并灵活地改变以适应环境，就像弹性金属那样伸缩、弯曲，但却不会损坏。高心理弹性的个体在压力性任务前和任务中都有更多的愉快、兴趣这样的积极情绪。⑤积极情绪状态可保持个体生理健康。积极的情绪状态（如乐观、自信）可以增加人的心理资源，使人们在面对负性事件时，相信结果会更好，而且在自我报告时处于积极情绪状态的人更容易报告"不生病"；对于患病人群，处于积极情绪的个体更容易接受医生的建议，有着良好的信念配合治疗并进行锻炼。此外，良好的情绪状态也容易产生积极的康复活动。

（2）学校实施危机干预的迫切需要

随着我国市场经济体制改革的不断深入和高等教育的迅速发展，大学生群体的规模、素质和结构也发生了很大的变化，大学生的心理状况也呈现出新特点，主要表现为社会阅历浅、自我定位高、心理不成熟、自我认知较差、情绪易波动等，使得当前大学生在成长过程中产生和遇到的心理问题更加复杂、多样和具体，常常会在环境适应、人际交往、自我管理、求职择业、学习成才、交友恋爱、人格发展等方面出现不同程度的心理困惑和问题。从人格发展的角度来看，这些个体发展中所遇到的心理困惑和问题都可称为成长的"危机"。所谓"危机"其实是一种挑战或者说机遇，当个体认为某一遭遇或事件是自身不能应对或无法解决的困难时，就会导致个体在认知、情感和行为等方面出现功能失调；反之，当这种"危机"被视为一种挑战并更好地应对，则会使得个体有着更好的进步，帮助个体全面发展。研究表明，大学生因成长危机无法解决却选择自己一个人面对，不愿寻求他人外界的帮助就会产生负性情绪，当负性情绪累积到某一程度就会导致个体产生抑郁障碍。调查研究发现，抑郁在大学生当中具有相当的普遍性。大学生患抑郁症的比率较高，但多为轻度和中度抑郁，所以这部分学生更值得我们关注。这部分个体常常不属于抑郁症患者，但他们却不愿向他人寻求帮助和寻求解决问题的方法，以摆脱抑郁的困扰。而且由于无法被诊断为抑郁症，往往也得不到正规的治疗和干预，不论是家人、老师还是同学都不能理解他们的境遇，从而严重影响生活、学习以及个人的成长，有些学生甚至有可能演变为更严重的抑郁症，产生自杀意念，出现自杀行为。据北京心理危机研究与干预中心主任曹连元介绍，自杀已经成为中国死亡原因中排序第五位的原因。在 15 岁至 34 岁年龄段的青壮年中，自杀是首位的死因。并且大学生中自杀的主要因子是抑郁症状，大学生抑郁症状诱发轻生意念的预测正确率为97.0%。且用抑郁症状预测轻生意念的发生比或危险率 1.86 倍于非抑郁症状者，其中女生抑郁症状诱发轻生意念的危险率近 2 倍于无此症状者。抑郁症可通过情绪反应、生理反应、行为反应和认知反应，这些主要应激反应进行预警。因此，深入研究大学生抑郁的社会心理机制，探索有效的抑郁干预措施，及时发现、及时预防大学生抑郁，这是学校有效实施危机干预的迫切需要。

（3）实施素质教育的战略需要

教育的根本目标是提高学生的整体素质，培养对社会有用的人才。中央16 号文件明确指出："人才素质包括思想道德素质、科学文化素质和健康素质，健康包括身体的健康，也包括心理的健康。心理素质是整体素质的重要组成部分①"。梁启超曾提出，故今日之责任，不在他人，而全在我少年。少年智则国智，少年富则国富；少年强则国强，少年独立则国独立；少年自由则国自由；少年进步则国进步；少年胜于欧洲，则国胜于欧洲；少年雄于地球，则国雄于地球。大学生是祖国的栋梁之材，在他们身上承担着祖国的发展，中华民族之崛起的光荣而艰巨的任务。因此，对于大学生而言，他们

---

① 中共中央宣传部教育部关于进一步加强和改进高等学校思想政治理论课的意见．加强和改进大学生思想政治教育文件选编［S］．北京：中国人民大学出版社．2005.8；1-10.

的心理素质不仅直接影响个人的整体素质，而且关乎祖国现代化事业和中华民族伟大复兴事业，关系到中华民族的未来。当前大学生心理素质培养就是要以培养学生的实践能力和创新精神为重点，造就"有理想、有道德、有文化、有纪律"的四有人才和全面发展的社会主义事业建设者和接班人。而培养有着健全人格、良好心理素质和良好社会适应性的人才正是素质教育的重要内容。反之，一个没有健康情绪、没有好的心理素质，甚至缺乏最基本的社会适应能力的人又怎么能成为一个全面发展的人才？又怎么能在复杂多变的国际形势和国内机遇中拥有自己的一片天堂？有着良好健康的情绪，必定有着健康的心理，研究大学生抑郁问题就是为了及早解决学生的内心冲突和心理与环境的冲突。而我们目前素质教育的薄弱环节就是不能及早地认识、了解有关心理健康、心理卫生的知识。因此，研究大学生抑郁情绪问题，需将加强大学生的情感教育扎根于素质教育的土壤之中，牢牢把握正确的方向，充分发挥学生自主能动性，努力帮助大学生摆脱抑郁情绪，使得他们可以有一个健康、快乐的学习和生活环境，也可以使得我国素质教育更加完善、更富成效。

（4）构建和谐校园的现实需要

中共中央十六届六中全会提出了心理和谐概念，首次阐述了社会和谐与心理和谐是一致的①。社会和谐的基础是个人心理和谐，而个人心理和谐则是以自我和谐为基础的，即要做到了解自我、信任自我、悦纳自我、控制自我、调节自我、完善自我、发展自我、设计自我以及满足自我，从而实现自我生理健康与心理健康。社会中的个体能实现心理和谐，社会也就会和谐，而个体要实现自我心理和谐、自我与他人、自我与社会关系的和谐，必须拥有健康的心理，尤其是健康的情绪。研究大学生抑郁的特点、发展规律及其心理社会机制可使学校工作者针对不同性别、不同学生群体的特点搭建积极健康教育平台，也可以开展不同种形式的心理健康教育和情感教育活动，调动学生的主动性和积极性，从而及时地了解和解决学生心理上的紧张和抑郁情绪，帮助学生培养和发展积极情绪，形成良好的心理品质，达到促进学生全面健康发展的目的。

---

① 林崇德."心理和谐"是心理学研究中国化的催化剂［J］.心理发展与教育，2007，23（1）：1-5.

（二）调查目的

本研究的目的之一是调查大学生生活事件、人格因素、应对方式和父母教养方式和抑郁的现状，目的之二是检验生活事件、人格因素、应对方式和父母教养方式对大学生抑郁的预测作用，探讨大学生抑郁的社会心理机制。

三、调查方法

（一）研究对象

采取方便抽样方式，从某大学整班选取 1120 名大一学生，发放问卷 1120 份，回收有效问卷 1078 份，回收有效率为 96%。其中，女生 772 人（71.6%），男生 306 人（28.4%）；独生子女 470 人（43.6%），非独生子女 608 人（56.4%）；非抑郁组（抑郁得分小于 16 分）808 人（75%），抑郁组（抑郁得分大于等于 16 分）270 人（25%）。

（二）研究工具

1. 流调中心抑郁量表（CES-D）

流调中心抑郁量表测量内容包含四个因素，抑郁情绪、躯体症状与活动迟滞、积极情绪、人际关系问题，共 20 个条目，要求被试描述他们在最近一周内的抑郁症状程度与发生频率。每个条目的得分范围从 1 分到 4 分，分数越高，说明该参与者抑郁症状水平越高。该量表的 Cronbach's α 系数为 0.88～0.92，具有良好的信度与效度系数，可适用于我国大学生。

2. 艾森克人格问卷（Eysenck Personality Questionnaire，EPQ）

艾森克人格问卷是测量人格维度的工具。该问卷系列由英国伦敦大学著名的人格心理学家和临床心理学家艾森克教授等（Eysenck & Eysenck）编制，经过大量的实验研究和深入细致的工作，由先前数个调查表几经修改发展而来。最早的问卷问世于 1952 年，共 40 个项目，只测神经质（Neuroticism，N）维度。1959 年第一次修订，增加了外向（Extraversion，E）量表，为蒙德斯利个性调查表（Maudsley Personality Inventory，MPI），共 48 个项目。1964 年第二次修订成艾森克人格调查表（Eysenck Personality Inventory，EPI）并增加了"测谎"（Lie，L）量表，共 57 个项目。与 MPI 相比，EPQ 中的 E 和 N 是两个完全独立的维度。1975 年，形成较为成熟的艾森克人格问卷（Eysenck Personality Questionnaire，EPQ），其主要特点是引进了精神质（Psychoticism，P）量表，共 90 个项目，并发展为成人问卷和大学生问卷两种格式。1985 年，艾森克等针对该问卷 P 量表信度较低的缺点，再次修订成修订版的艾森克人格问卷（EPQ-R），共 100 个项目。同年，艾森克等编制了成人应用修订版的艾森克人格问卷简式量表（EPQ-R SHORT SCALE，EPQ-RS），每个分量表 12 个项目，共 48 个项目。

相对于其他以因素分析法编制的人格问卷而言，EPQ 问卷涉及概念较少，施测方便，有较好的信度和效度（EPQ-RS 的信度：P 量表 0.61～0.62，E 量表 0.84～0.88，N 量表 0.80～0.84，L 量表 0.73～0.77），因此在人格测验中影响很大，并在许多国家得到修订和应用。

3. 大学生生活事件量表

大学生生活事件量表是由刘贤臣编制的。该量表有 27 道题目，包括六个分量表：人际关系（5 题）、学习压力（7 题）、受惩罚（3 题）、丧失（4 题）、健康适应（5 题）、其他（4 题），采用 5 点记分，各分量表得分为所含条目分之和，分量表得分相加为总分。得分越高表明应激程度度越大。本量表适用于大学生特别是中学生和大学生生活事件的评定。量表的 Cronbach's α 系数为 0.85，重测信度为 0.69。

4. 特质应对方式问卷（Trait Coping Style Questionnaire，TCSQ）

特质应对方式问卷为姜乾金编制，用以评估个体在生活中对各种事件具有相对稳定性的应对策略，它分为消极应对（NC）与积极应对（PC）两个项，Cronbach's α 分别为 0.743 与 0.727，各包含有 10 个条目，采用 1～5 计分，1 表示肯定不是，5 表示肯定是。

5. 父母教养方式评价量表（EMBU）

父母教养方式评价量表是 1980 年瑞典大学精神医学系的 Carlo Perris 等共同编制的用以评价父母教养态度和行为的问卷。EMBU 原文为瑞典文，1993 年，岳冬梅等采用澳大利亚 Ross 教授寄来的英文版本作为原量表，对 EMBU 进行了修订。

父母教养方式评价量表是一个自评量表，让被试通过回忆来评价父母的教养方式。EMBU 原量表有 81 个条目，涉及父母 15 种教养行为：辱骂、剥夺、惩罚、羞辱、拒绝、过分保护、过分干涉、宽容、情感、行为取向、归罪、鼓励、偏爱同胞、偏爱被试和非特异性行为。修订后的量表共 115 个条目，其中父亲教养方式分量表有 6 个维度 58 个条目；母亲教养方式分量表有 5 个维度 57 个条目。量表采用四点计分方式，即"总是"记四分，"经常"记三分，"有时"记两分，"从不"记一分。

（三）数据处理

采用 SPSS 22.0 软件对数据进行录入、整理和分析。

第二节　社会心理因素对抑郁的影响机制分析

一、社会心理因素对大学生抑郁影响的研究现状

（一）生活事件影响抑郁的研究现状

抑郁作为最常见的消极情感，抑郁情绪发生和发展与多种社会心理因素关系密切，有关生活事件与抑郁的关系的研究很多。关于生活事件的研究大多是集中在消极生活事件对人的影响。本研究同样是针对生活中消极事件对大学生的影响和大学生的抑郁关系进行研究。大量的研究证实了生活事件在大学生抑郁情绪发展中有着很大影响，但由于评定时限、评定工具、分析指标及研究对象不同，各研究的生活事件与抑郁的联系强度的差异较大。Wadher 等（2006）调查发现，67％的抑郁症病人在发病前的一年内都至少遭遇了 1 项重大生活事件，而且多以丧失和分离性事件为主。刘贤臣（1997）在一项对 1365 名大学生的研究中揭示了，过去一年内的生活事件对抑郁情绪有显著的预测作用，证实了生活事件与抑郁的关系。阳德华（2004）对 712 名大学生抑郁、焦虑的影响因素进行调查。结果表明，大学生抑郁与生活事件各个因子呈正相关，在统计学上显著，负性生活事件是影响抑郁的重要因素。其中学习压力是预测抑郁的重要变量。许碧云、陈炳为等（2004）在一项研究大学生行为、情绪问题与生活事件典型相关分析中发现，大学生生活事件与其情绪、行为问题有着密切相关，学习压力、人际关系、受惩罚等负性生活事件都能增加抑郁情绪问题。冯凤莲等（2005）以518 名大学生为被试，考察医科大学学生生活事件及其与抑郁、焦虑的关系，研究发现，有明显抑郁症状学生在学习与学校生活、家庭情况、人际关

系、性生理与性心理 4 个维度上的生活事件应激得分均高于无明显抑郁症状的个体。何洲、王启军、程凤先（1999）应用病例配对方法，研究抑郁症患者的生活事件、个性特征及社会支持，发现病人组在艾森克个性问卷神经质得分上显著高于对照组，这提示抑郁症患者具有情绪压抑、心胸狭窄、倔强、自卑、急躁易怒等性格特点。而且在生活事件数目及紧张总值、负性事件紧张总值都显著高于对照组，这也表明生活事件的确在抑郁症的发生和发展过程中有着重要的作用。陈树林、郑全全（1999）的研究表明，抑郁组被试比非抑郁组被试有更多的消极性生活事件。

　　不同的学者对于生活事件是如何影响抑郁情绪的，有着不同的看法。有研究得出生活事件与抑郁情绪有直接关系。考恩（Coyne）和凯斯勒（Kessler）在研究抑郁症与负性生活事件的关系时，指出负性生活事件与抑郁症发生有确定的关系，即个体遭受的负性生活事件越多，事件性质越严重，其患抑郁症的概率就越高，同时所患抑郁症也就越严重。负性生活事件与抑郁症发生之间表现为一种剂量—反应的关系，当生活事件累积到一定数量就会导致发病，而且严重的生活事件、突发性外伤性生活事件和难以消除的持续应激生活事件也易使人发生抑郁，甚至导致持久性抑郁①。但同时也有研究指出生活事件与抑郁情绪之间的联系并不是直接的，中间有着多种中介因素参与。张月娟等在一项对 321 名大学生抑郁研究中，分析了生活事件、负性自动思维及应对方式对大学生抑郁的影响，结果发现，生活事件、消极应对方式、负性自动思维均与抑郁呈显著正相关，生活事件与负性自动思维及消极应对方式同样也呈显著正相关。结果还发现，自动思维可以直接影响抑郁，同时也可先通过应对方式间接影响抑郁；应对方式对抑郁的产生有着直接的影响；而生活事件对抑郁的直接影响不显著，是经由负性自动思维及应对方式的中介作用从而间接实现的。所以在面对负性生活事件，那些有着较高负性自动思维程度，采取消极应对方式的大学生更容易产生抑郁情绪。由此可以认为，生活事件不是大学生产生抑郁的直接原因，仅为促发因素，而是经由自动思维和应对方式作为素质因素从而对抑郁的产生起作用②。

①　COYNE J C, DOWNEY G. Social factors and psychopathology: stress, social support, and coping processes [J]. Annual review of psychology,1991, 42 (1): 401-425.

②　张月娟，阎克乐，王进礼. 生活事件、负性自动思维及应对方式影响大学生抑郁的路径分析 [J]. 心理发展与教育，2005, 21 (1): 4.

（二）人格因素影响抑郁的研究现状

情绪状态是人的心理活动的重要组成部分，个体所体验的情绪以及应对情绪事件的方式，是其人格的一个重要部分。自曼斯吾（Matthews，1998）在其理论中依据情绪来描述气质以来，人们就意识到人格和情绪间存在着极其紧密的联系。心理病理学家同样对人格与抑郁之间的关系感兴趣。同时在心理动力学理论中，人格因素也占重要地位。早期研究认为，人格作为个体间的差异对于预测和控制人类行为上的作用甚微。但从 20 世纪 80 年代开始，越来越多的研究人员开始强调个体差异或人格变量的作用。其中有一个重要的理论假设是，个体间存在可测量的人格维度和人格差异，并可以借此预测人们的后继产生的应对方式。爱泼斯坦（Epstia，1999）的研究表明，一定的人格特质包括正确的自我观念、对自身的赞许、对环境的积极的态度和内部控制等，在应激事件中起积极作用。研究发现，人格特征和抑郁显著相关。人格因素会使得个体容易产生抑郁，也可能使得抑郁的情绪发生改变。高水平的神经质可以正向预测抑郁的产生，而且具有一定程度的遗传性。具有高外倾性、高严谨性与抑郁及其他心理疾病发生率少有关。科曼勒等（Klerman，2001）研究结果显示，大学生人格的神经质维度与抑郁呈高度正相关。坎德勒（Kendler，2003）的研究证实，人格内外倾维度不是抑郁的易感因素。王梦龙等（2004）对中山大学 622 名临床医学本科生人格特质与抑郁进行研究，结果发现，抑郁组与非抑郁组的学生在 N、E 维度方面存在显著差异，即内向、情绪不稳定容易导致抑郁。在进一步的研究分析中发现，人格 P、N 维度与抑郁呈显著正相关，E、L 维度与之呈显著负相关，即情绪不稳定、内向、高精神质及低掩饰度与抑郁显著相关。内向的同学可能由于较敏感、腼腆、情绪波动也较大，故而在遇到不良刺激时容易引起抑郁。医学生的个性特征与抑郁密切相关。洪炜等（2004）采用艾森克人格问卷、自评抑郁量表对 76 名抑郁障碍患者人格特质进行了研究，同时选取 84 名健康被试进行对照实验，结果显示，抑郁组患者在人格特质 N、P 维度上的得分显著高于健康组。抑郁障碍患者的表现为较强的神经质及孤僻、交往障碍。黄敏儿（2001）采用问卷法和心理生理实验法检验人格特质对抑郁的影响，结果显示，高外倾的正性情绪增强型调节较多，正性情绪也多；相反，高神经质的负性情绪增强型调节较多，负性情绪也多。阳德华（2004）采用人格问卷和抑郁量表，考察了大学生人格和抑郁的关系，结果显示，人格中的社交性、独立性和进取能力对抑郁均有重要的预测作用。

（三）应对方式影响抑郁的研究现状

对于应对方式对抑郁影响的研究，国外早期研究多数以大学生或成人为被试，研究多且涉及面广，对于大学生的应对方式与生理、心理健康的关系也有较为广泛深入的探讨。国内对于应对方式的研究起步较晚。一般来说，国内外对应对方式的研究大多集中于其对抑郁的影响探究。拉扎勒斯（Lazarus）和福克曼（Folkman）在其著作中写道，在应激状态下个体的应对策略和情绪之间是呈显著正相关。福克曼（Folkman，2001）认为，任务定向的应对策略和积极情绪有着正相关，但是情绪定向和回避定向的应对策略则与消极情绪存在正相关。一些对小学生、运动员和大学生的研究支持了这一观点。一般认为，问题指向应对和正性情绪有高水平的相关和负性情绪有低水平的相关。积极有效、接近问题的应对和良好适应密切相关，而消极无效、回避问题的应对则可能导致抑郁、焦虑、不良适应等。关于抑郁与应对方式关系的研究发现，抑郁症状伴有高水平的被动、回避应对。桑德勒（Sandler）和克让科（Krenke，1996）也指出回避应对与抑郁或焦虑之间存在着正相关。塞曼（Sherman，1998）在一项为期一年的纵向研究中，试图阐明抑郁症状与回避应对之间联系的特点，结果发现处理取向的应对者在报告抑郁症状时最少，而回避应对者则表现出较多的抑郁症状。克让科（Krenke）和克莱新（Klessinger，2001）在此基础上进行了一项长达 4 年的纵向研究，结果发现处理应对的大学生在研究的第三年和第四年报告抑郁症状最少，而回避应对的大学生则表现较多的抑郁症状。之后两年所有使用回避应对的大学生都表现出较高的抑郁症状水平，不论是他们在第一年和第二年一直使用回避应对，还是第二年转变为回避应对，且效果与时间和性别无关。他们进一步指出，采取回避应对的大学生，不论是否稳定都与高水平抑郁症状有着显著相关，甚至会出现在两年之后。姜乾金等（2006）的研究表明，消极应对方式与 SDS、SAS、SCL-90 等有较高相关。国内学者张玉山（2001）调查了 792 名医科大学生的应对方式与抑郁的关系，发现抑郁大学生大多采取负性应对方式。陈树林于 1999 年的调查研究发现，大学生应对方式与抑郁障碍之间有着显著相关，积极的应对方式会缓解抑郁障碍的产生，反之消极应对方式会导致抑郁障碍的产生。2002 年，陈树林等（2000）

以浙江省 1870 名中学生为研究对象，对他们的应激源、应对方式和情绪进行评定分析。结果显示，应对方式和应激源对抑郁情绪的发生发展有影响，对于抑郁情绪，应激源通常通过应对方式起到间接作用。王才康（2002）对青少年犯罪人群的研究发现，消极应对方式与躯体反应、抑郁、焦虑、无助感都呈正相关，而积极应对方式则与这些消极情绪显著相关①。杨阿丽等（2002）运用回归分析，研究了处于家庭父母冲突的环境中孩子使用的应对方式与适应行为的关系，结果发现间接应对方式可正向预测孩子的抑郁水平，孩子间接应对方式使用得越多，抑郁水平就越高②。井世洁、张月娟等（2005）发现，应对方式在生活事件和抑郁情绪之间也起着中介作用。

（四）家庭教养方式影响抑郁的研究现状

近些年，越来越多的学者开始关注父母教养方式在个体成长中的重要作用。有研究指出，父母教养方式不仅能够影响个体的心理健康发展和社会适应，甚至不好的家庭教养会导致大学生犯罪。在心理健康方面，彭文涛等（2007）研究发现，子女从家长处得到的理解、尊重和温暖越多，就越会表现出好的心理状态；反之，处于消极教养方式下的孩子，其心理健康状态也越差。有时不良的父母教养方式还导致大学生出现更多网络成瘾状况，甚至出现抑郁情绪与双相情感障碍。在个体社会适应方面，父母教养行为会直接影响大学生适应程度，也可以通过大学生依恋、人格等个体间的因素间接影响其社会适应。具体表现在即使在相同教养行为培育下的大学生，也可能形成不同的社会适应，如父母的自主准予能显著正向预测情绪型与和谐型大学生的积极适应，而对于退缩型大学生没有显著预测作用。有着高质量的朋辈关系的大学生能够较好地适应社会，其中，父母教养方式对大学生的朋辈关系有明显影响。有研究表明报告"父亲情感温暖"的初中生会形成良好的同伴依恋关系，而初中生报告"父亲拒绝否认"越多，其同伴依恋质量也越差。父母教养方式甚至也会影响到大学生犯罪。处于和睦、亲密、支持性的家庭中的大学生能够显著减缓适应社会产生的压力，从而减少他们发生打架

① 王才康. 自我效能感、应付方式和犯罪青少年抑郁的相关研究 [J]. 中国临床心理学杂志，2002（1）：36-37.

② 杨阿丽，方晓义，林丹华. 父母冲突、青少年应对策略及其与青少年社会适应的关系 [J]. 心理发展与教育，2002，18（1）：7.

斗殴、酗酒等不良行为的频率；相反，处于一个冷酷的、缺乏支持的（比如父母情感不和或者亲子间冲突不断）家庭环境，大学生则容易产生孤独感，感受不到父母对自己的关爱，也容易与有着不良行为的同伴亲近，长此以往，会慢慢疏远父母，不愿参与正常的社交活动，有些大学生甚至会出现反社会行为。

二、社会心理因素对大学生抑郁的影响

（一）被试的基本情况

采取方便抽样的方式，从湖南某大学以班级为单位选取 1120 名大一学生，发放问卷 1120 份，经过对问卷调查进行回答完整性与真实性的检查，问卷回答不完整的予以删除，作答有明显反应倾向的问卷予以剔除。结果共剔除 22 份，保留有效问卷 1078 份。被试的基本情况如前表 3-1。

（二）研究程序

主试由老师指导并培训的研究生担任，对施测时间、指导语，以及可能有疑问的问卷条目进行讲解。在教室内施测。施测结束后，回收问卷并输入数据库进行管理。

（三）结果

1. 大学生量表得分的总体情况

（1）大学生 CES-D 量表得分与全国常模的比较

表 5-2 可以看出，有 75％的大学生不存在抑郁状态，有 22％的大学生存在抑郁状态，人数为 237 人；重度抑郁者为 33 人，占总人数的 3％。

表 5-2 大学生抑郁得分的总体情况

抑郁分值	人数	检出率
得分<16 分	808	75％
16 分≤得分<28 分	237	22％
得分≥28 分	33	3％

大学生 CES-D 量表得分与全国常模[①]的比较情况见表 5-3。大学生在 CES-D 量表的标准分与全国常模比较呈现显著差异。

---

① 章婕，吴振云，方格，等. 流调中心抑郁量表全国城市常模的建立 [J]. 中国心理卫生杂志，2010，24（2）：139-143.

表 5-3   大学生 CES-D 量表得分与全国常模的比较 ($x \pm s$)

序号	项目	全国常模	被试大学生	t
	标准分	12.32 ± 10.22	16.33 ± 5.25	16.69^{***}
1	抑郁情绪		3.66 ± 3.43	
2	积极情绪		8.36 ± 2.64	
3	躯体症状与活动迟滞		3.64 ± 2.47	
4	人际		0.51 ± 0.58	

注：*** 表示 $p < 0.001$。

（2）大学生抑郁情绪在性别、年级、生源上的差异显著性检验

将 CES-D 标准分及其各项目得分作为分析变量（共 4 个变量），在性别、父母婚姻状况、家庭所在地上的多因素方差分析结果见表 5-4。

表 5-4   不同性别、父母婚姻状况、家庭所在地的大学生在 CES-D 总标准分及各项目上的多因素方差分析表 (F 值)

项目	标准分	抑郁情绪	积极情绪	躯体症状与活动迟滞	人际
性别	0.81	0.49	1.38	1.25	0.01
父母婚姻状况	1.91	5.53^{**}	0.80	0.05	0.39
家庭所在地	1.39	1.42	1.42	0.79	0.20
性别 * 父母婚姻状况	1.08	0.78	0.78	1.17	1.85
性别 * 家庭所在地	0.73	1.07	1.16	0.95	0.11
父母婚姻状况 * 家庭所在地	1.93	2.42^{**}	0.80	0.86	1.18
性别 * 父母婚姻状况 * 家庭所在地	0.47	0.96	1.22	0.87	1.14

注：* 表示 $p < 0.05$；** 表示 $p < 0.01$。

MANOVA 分析发现，总体上，性别、父母婚姻状况和家庭所在地对抑郁影响不显著，其结果可能是由于选取对象多为大一新生，样本跨度不广导致结果不显著。今后研究者可以多选取不同地区和不同年级的被试进行调查，以提高研究有效性。但父母婚姻状况的主效应和父母婚姻状况 * 家庭所在地的交互作用对抑郁情绪得分影响显著，也说明了父母婚姻状况的确对抑郁情绪有所影响。为了进一步明确父母婚姻状况影响抑郁情绪详细情况，进行事后多重检验，得到表 5-5。

表 5-5　父母婚姻状况在抑郁情绪变量的简单效应分析摘要表

项目	1. 初婚	2. 离异	3. 再婚	4. 其他（多为丧亲）
1. 初婚	—			
2. 离异	1.14	—		
3. 再婚	0.31	0.83	—	
4. 其他（多为丧亲）	7.81***	6.67**	7.49***	—

注：*** 表示 $p < 0.001$。

表 5-5 结果表明，父母婚姻状况中初婚、离异和再婚对"其他"项存在显著的差异，由于"其他"一项中，大多为丧失父母，可以理解为负性生活事件。在本节的下一点将会详细讲述生活事件对抑郁的影响。

2. 分析与讨论

本研究采用流调中心抑郁量表（ECS-D）对大学生进行施测，来考察大学生的抑郁状况。结果表明，75％的大学生不存在抑郁情绪，25％的大学生存在抑郁状态，其中轻度抑郁者为 237 人（22％）；重度抑郁者为 33 人（3％）。这与徐龙森、郭蓉等（2002）的研究相接近。且大学生 CES-D 量表的标准分（16.33±5.25）显著高于全国常模（12.32±10.22）。这说明大学作为一个特殊年龄阶段的发展过程，容易遭受抑郁的困扰，高校应引起高度重视。高校应针对大学生的具体问题及时开展大学生心理健康教育等工作，加强对于抑郁的判断标准和抑郁的常见表现等知识的普及，及时发现有抑郁症状的学生，做到早发现早干预早治疗。同时，高校也应切实落实大学生全面健康发展，组织有针对性和有效的心理健康讲座，开展有关活动，鼓励学生之间形成互助小组。同伴群体作为人格发展十分重要的因素之一，同伴之间的帮助可以很好地开导和梳理有抑郁情绪的个体。最后，要树立"教育要前置"的观念，积极做好抑郁预防和解决工作。

将 CES-D 标准分及其各项目得分作为因变量（共 4 个变量），进行性别、父母婚姻状况、家庭所在地上的多因素方差分析，结果表明，父母婚姻状况和父母婚姻状况与家庭所在地交互作用对抑郁情绪影响显著。后通过多重比较得出"其他"类型婚姻状况对初婚、再婚和离异差异显著。也体现了父母婚姻状况的确对于孩子抑郁有着影响，但在本研究中"其他"类型婚姻状况多为丧亲，可能也是由于生活事件的影响较大。

3. 小结

结果表明，总体上有 75％的大学生不存在抑郁状态，有 25％的大学生存在抑郁情绪状态，其中轻度抑郁者为 237 人，占总人数的 22％；重度抑郁者为 33 人，占总人数的 3％。CES-D 量表的标准分（16.33±5.25）显著高于全国常模（12.32±10.22）。呈现极其显著的差异（$p<0.001$）。

交互作用结果发现，父母婚姻状况和父母婚姻状况与家庭所在地的交互作用对孩子抑郁情绪有着显著影响。具体表现为"其他"类型父母婚姻状况对初婚、离异和再婚差异显著。也告诉我们应关注大学生父母婚姻状况，给予孩子更多的关爱和帮助，促进其身心全面健康发展。

三、生活事件对大学生抑郁的预测作用

（一）大学生生活事件的频率状况

大学生生活事件的应激频率的调查结果见表 5-6。表 5-6 表明，大学生群体所经历的生活事件，主要反映在人际关系、学习压力和健康适应问题方面。在人际关系方面主要是"被人误会或错怪""与同学或好友发生纠纷"和"当众丢面子"等；在学习压力方面主要是"考试失败或不理想""学习负担重"和"升学压力"等；受惩罚因子与丧失因子事件发生比例较小。最近 12 个月内大学生在遭遇的生活事件中，发生频率高于 50％的依次是，"考试失败或不理想""学习负担重""被人误会或错怪""与同学或好友发生纠纷"等生活事件。这表明，人际关系问题和学习压力是大学生的两类重要应激源。

表 5-6　大学生生活事件的应激频率（人数及比例）

因子	生活事件	事件频率（轻度及以上）	次序
人际关系因子	1	299（55.5％）	3
	2	165（30.6％）	14
	4	299（55.5％）	3
	15	226（41.9％）	7
	25	174（32.3％）	12
学习压力因子	3	383（71.1％）	1
	9	306（56.8％）	2
	16	195（36.2％）	9
	18	107（19.6％）	20
	22	246（45.6％）	5

（续表）

因子	生活事件	事件频率（轻度及以上）	次序
受惩罚因子	17	187（34.7%）	10
	19	120（22.3%）	18
	20	74（13.7%）	22
	21	76（14.1%）	21
	23	64（11.9%）	23
	24	112（20.8%）	19
丧失因子	12	131（24.3%）	16
	13	143（26.5%）	15
	14	185（34.3%）	11
健康适应因子	5	232（43.0%）	6
	8	219（40.6%）	8
	11	57（10.6%）	24
	27	20（3.1%）	25
其他	6	169（31.4%）	13
	7	122（22.6%）	17

（二）大学生生活事件量表得分的性别差异

对男女大学生生活事件量表应激量、应激频率及 6 个因子的得分进行 t 检验，结果见表 5-7。结果表明，大学生生活事件得分以及各个因子得分不存在差异，也说明，大学生这一个群体在面对生活事件时，大多会经历相类似的事件。

表 5-7　大学生 ASLEC 量表得分情况的性别差异（$x \pm s$）

项目	男大学生	女大学生	t
总分	53.5±21.2	51.2±19.0	1.15
人际关系	11.1±4.4	11.2±4.6	0.25
学习压力	11.5±4.5	11.8±4.3	0.74
受惩罚	11.7±6.6	11.2±6.3	0.90
丧失	5.8±3.8	5.7±3.8	0.20
健康适应	7.0±2.7	7.0±2.6	0.32
其他	7.2±3.6	6.6±3.1	2.13

（三）大学生生活事件得分与抑郁的相关分析

大学生生活事件应激总分和各因子与抑郁得分之间的相关分析，结果见表 5-8。

表 5-8　大学生应激源与抑郁的相关分析

变量	总分	人际关系	学习压力	受惩罚	丧失	健康适应	其他
抑郁	0.341**	0.331**	0.325**	0.208**	0.226**	0.274**	0.298**

注：** 表示 $p < 0.01$。

从上表相关系数可以看出，大学生抑郁与生活事件总分和各维度存在不同程度的正相关，且相关在统计学上具有显著意义。在生活事件量表的 6 个因子中，人际关系因子和学习压力与抑郁的相关程度较高且大于 0.3。

（四）大学生生活事件对抑郁的多元逐步回归分析

采用逐步多元回归分析法进行回归分析，最终将人际关系和学习压力纳入模型，结果见表 5-9。

表 5-9　大学生生活事件对抑郁的多元逐步回归分析摘要表

项目	标准化系数	t 值	F 值	显著性
人际关系	0.255	3.28		0.001**
学习压力	0.237	3.00		0.003**
常数	10.627	13.77		0.000***
调整的 R^2	0.139		28.72	0.000***

注：** 表示 $p < 0.01$；*** 表示 $p < 0.001$。

上表数据说明，在 ASLEC 量表 6 个预测变量（人际关系、学习压力、受惩罚、丧失、健康适应和其他）预测因变量抑郁时，有两个显著因子进入回归方程式，在这 2 个因子中，人际压力的预测力较强，回归方程其解释变异量为 0.139，即人际关系和学习压力这 2 个因子能够预测大学生抑郁 13.9% 的变异量。其标准化回归方程式为：抑郁 = 0.218×人际关系 + 0.199×学习压力 + 10.62。

（五）分析与讨论

本研究通过发放刘贤臣编制的青少年生活事件量表，来考察大学生生活事件与抑郁的关系，研究结果显示，大学生在最近 12 个月内遭遇的负性生活事件中，影响较大的事件主要反映在人际关系、学习压力和健康适应问题方面。发生频率高于 50％的生活事件依次为："考试失败或不理想""学习负担重""被人误会或错怪""与同学或好友发生纠纷"。这表明人际关系问题和学习压力是大学生的两类重要应激源。这为高校教育教学工作者加强对学生心理健康培养和指导，提供了明确的方向。

有研究表明，生活事件与抑郁情绪之间关系密切，主要表现为负性生活事件是大学生产生抑郁等负性情绪的重要因素，但生活事件并不是大学生抑郁产生的直接原因，而仅仅是引发因素。有关抑郁发病机制理论中的素质—压力相互作用模型认为抑郁是在压力因素和个体素质共同作用下发生的。个体自身的易感因素加上应激性生活事件出现，才会导致抑郁的产生。本研究相关分析表明，大学生抑郁与生活事件总分和各维度存在不同程度显著性的正相关，人际关系因子和学习压力与抑郁的相关程度较高，大于 0.3。这说明遭遇越多负性生活事件的大学生，所受到的影响程度越大，特别是人际关系因子和学习压力较多的学生，个体的抑郁程度越高。回归分析结果显示，人际关系和学习压力这 2 个因子能够预测大学生抑郁 13.9％的变异量。上述研究结果表明，大学生抑郁情绪与遭遇的生活事件密切相关。其中，人际关系对大学生抑郁情绪的预测力较强。但生活事件是否直接引起抑郁，还是经由其他社会心理因素间接引发抑郁，这是本书后续研究将要着重探讨的问题。

（六）小结

人际关系、学习压力和健康适应问题方面是大学生经历的三类重要应激源；男女大学生在受到负性生活事件上并没有很大的差异；相关及回归分析表明，大学生抑郁与遭遇的生活事件密切相关，人际关系和学习压力这 2 个因子能够预测大学生抑郁 13.9％的变异量。因而，高校要缓解大学生的抑郁情绪，不仅应努力为其打造健康和谐的校园文化氛围，还应该尽量减少负性生活事件对大学生的影响，促进大学生身心健康全面发展。

四、人格因素对大学生抑郁的预测作用

（一）大学生人格量表得分与全国常模①的比较

表 5-10　大学生人格量表得分与全国常模的比较（$x \pm s$）

人格维度	性别	全国常模	大学生	t
EPQ-P	男	3.00±2.00	6.32±2.66	15.28***
t（性别）　6.64	女	2.68±1.82	4.72±2.42	16.51***
EPQ-N	男	4.57±3.06	10.27±5.77	11.99***
t（性别）　1.00	女	4.81±2.95	10.81±5.42	21.62***

注：*** 表示 $p<0.001$。

表 5-10 结果表明，大学生在人格的 P、N 维度上，男生、女生都与全国常模存在显著差异，具体为男、女大学生在人格的 P、N 维度上的得分显著高于常模。而男女在人格 P、N 维度上都不存在显著差异。

（二）学生人格与抑郁的相关分析

大学生人格 P、N 维度与抑郁得分之间的相关分析，结果如下：

表 5-11　大学生人格维度与抑郁的相关分析

变量	P	N
抑郁	0.15**	0.49**

注：** 表示 $p<0.01$。

由表 5-11 结果表明，大学生抑郁与人格的精神质和神经质维度存在显著的正相关。在人格的 P（精神质）、N（神经质）这两个维度中，神经质与大学生抑郁的相关程度较高。

（三）大学生人格对抑郁的多元逐步回归分析

采用逐步多元回归分析法进行回归分析，结果见下表：

表 5-12　大学生人格维度对抑郁的多元逐步回归分析摘要表

统计量	标准化系数	t 值	F 值	显著性
N	0.469	11.33		0.000***
常数	11.402	22.99		0.000***
调整的 R^2	0.238		128.34	0.000***

注：*** 表示 $p<0.001$。

---

① 钱铭怡，武国城，朱荣春，等．艾森克人格问卷简式量表中国版（EPQ-RSC）的修订[J]．心理学报，2000（3）：317-323．

上表数据说明，两个预测变量（P和N）预测效标变量抑郁时，进入回归方程式的显著变量有1个（N），多元回归系数为0.469，其解释变异量为0.238，即N这个因子能够预测大学生抑郁23.8%的变异量。其标准化回归方程式为：抑郁＝0.469×神经质＋11.4。

（四）分析与讨论

本研究结果显示，在人格的P、N维度上，无论男生、女生都与全国常模存在显著差异，男女大学生在人格的N维度上的得分明显高于常模。具体表现为，男女大学生在人格的P维度上的得分明显高于常模。男女生在人格P、N维度上都不存在显著差异。这表明，与全国常模相比，大学生更可能表现出焦虑、易怒、敏感多疑、紧张、对各种刺激反应过为强烈、具有攻击性，又或是孤独，难以适应外部环境、与他人不友好、喜欢干奇特的事情，并且不顾危险。

虽然不同的研究所运用的抑郁量表和人格量表不同，但是都说明了人格因素对抑郁可能有重要的影响。艾森克理论认为，不同的个性特征会影响个体的思维方式、行为及情绪等。相关分析的结果显示，人格的精神质和神经质两个维度和大学生抑郁存在显著正相关。关于人格的P（精神质）、N（神经质）这两个维度，结果显示神经质维度和大学生抑郁存在较高相关。进一步回归分析的结果表明，N因子能够预测大学生抑郁23.8%的变异量。

抑郁与人格特质，尤其是神经质、精神质密切相关，这表明人格在个体成长与发展中起着十分重要的作用。大学生仍处于心理发展的阶段，并未达到完全成熟的程度。因此，应针对不同的人格特质有的放矢地开展人格教育和心理健康教育，培养大学生积极健康的个性特征，加强高校心理健康指导和心理咨询，对有着不良人格倾向的学生进行及时的行为矫正，不仅有助于预防抑郁的发生，更会促进大学生的全面发展。

（五）小结

与全国常模相比，男女大学生的P、N维度得分明显高于常模。男女大学生在两个维度上没有显著差异。

相关分析及回归分析结果显示，大学生抑郁与人格的精神质和神经质维度存在显著的正相关。在人格的P（精神质）、N（神经质）这两个维度中神经质与大学生抑郁的相关程度较高，其中神经质能够解释抑郁形成的23.8%的变异量。

五、应对方式对大学生抑郁的预测作用

（一）大学生特质应对方式量表得分总体情况

表 5-13 大学生特质应对方式量表得分性别比较 （$x \pm s$）

应对方式	性别		t
	男	女	
积极应对	33.2±6.7	33.4±5.2	0.24
消极应对	26.1±6.5	27.5±6.1	2.46*

注：* 表示 $p < 0.05$。

表 5-13 结果表明，男女大学生在积极应对上不存在显著差异，但是在消极应对得分上存在性别间的显著差异，具体为女生更多地采取消极的应对方式。

表 5-14 大学生人格量表得分抑郁类型比较 （$x \pm s$）

应对方式	抑郁类型		t
	非抑郁	抑郁	
积极应对	33.6±5.7	32.9±5.5	1.43
消极应对	25.5±6.0	29.6±5.7	−8.38***

注：*** 表示 $p < 0.001$。

表 5-14 显示，抑郁组与非抑郁组在积极应对上面无显著差异，但在消极应对上面存在显著的差异。这说明抑郁组在遇到应激性事件时，多采用消极的应对方式。

（二）大学生特质应对方式与抑郁相关结果

大学生应对方式与抑郁相关结果见表 5-15：

表 5-15 大学生应对方式与抑郁的相关分析

变量	积极应对	消极应对
抑郁	−0.12*	0.41**

注：* 表示 $p < 0.05$；** 表示 $p < 0.01$。

表 5-15 结果表明，应对方式与抑郁存在显著的相关，具体为：大学生积极应对方式与抑郁呈显著负相关，更多采用积极应对方式的大学生，其抑郁情绪越少。大学生消极应对方式与抑郁呈显著正相关，即消极应对方式会正向预测抑郁情绪。

(三) 大学生应对方式对抑郁的多元逐步回归分析

采用逐步多元回归分析法进行回归分析，结果见下表 5-16：

表 5-16　大学生特质应对方式对抑郁的多元逐步回归分析摘要表

统计量	标准化系数	t 值	F 值	显著性
N	0.351	9.141		0.000***
常数	6.830	6.41		0.000***
调整的 R^2	0.169		85.554	0.000***

注：*** 表示 $p < 0.001$。

上表数据说明，两个预测变量（积极应对与消极应对）预测效标变量抑郁时，进入回归方程式的显著变量有 1 个 (消极应对)，多元相关系数为 0.351，其解释变异量为 0.169，即消极应对这个因子能够预测大学生抑郁 16.9％的变异量。其标准化回归方程式为：抑郁＝0.351×消极应对＋6.83。

(四) 分析与讨论

本研究结果显示，男女大学生在积极应对上不存在显著差异，但是在消极应对得分上存在性别间的显著差异，具体为女生更多地采取消极的应对方式；在抑郁与非抑郁组存在着显著差异，具体为抑郁组与非抑郁组在积极应对上无显著差异，但在消极应对上存在显著的差异。这说明抑郁组在遇到应激性事件时，多采用消极的应对方式。因此高校应多开展互帮互助活动，给予遇到负性生活事件的学生以正确的建议和解决办法，帮助其度过应激性事件防止出现抑郁情绪。

有关应对方式和抑郁之间关系的研究一直是研究的热门，不论是素质—压力模型还是其他有关抑郁的理论，都普遍认为应对方式是抑郁产生的重要因素。在相关分析中发现，大学生抑郁与应对方式存在显著的正相关。具体表现为大学生积极应对方式与抑郁呈显著负相关，采用积极应对方式的大学生抑郁情绪更少；大学生消极应对方式与抑郁呈显著正相关，采用消极应对方式的大学生抑郁情绪更多。回归分析的结果表明，消极应对因子可以解释大学生抑郁 16.9％的变异量。

大学生具有很大的可塑性，也是应对方式发展的关键阶段。大学生采用了很多问题解决的应对方式，表明其已经具有了一定的应对压力的能力。然而大学生心理问题较高检出率表明他们还是需要指导。因此，高校应教导大学生以积极的应对方式来面对应激性生活事件，培养其面对风险和压力的能力，促进大学生生理与心理健康成长，成为一名有着良好心理品质的优秀大学生。

（五）小结

在积极应对上男女大学生间不存在显著差异，但在消极应对得分上存在性别差异，进一步表现为女生更多地采取消极的应对方式；抑郁组与非抑郁组在积极应对上无显著差异，但在消极应对上存在显著差异。说明抑郁组在遇到应激性事件时，多采用消极的应对方式。

相关分析及回归分析结果显示，大学生抑郁与应对方式存在显著的正相关。大学生积极应对方式与抑郁呈显著负相关，更多采用积极应对方式的个体其抑郁情绪越少。大学生消极应对方式与抑郁呈显著正相关，即消极应对方式会正向预测抑郁情绪。再进行回归分析，其结果显示消极应对因子能够预测大学生抑郁16.9%的变异量。

六、父母教养方式对大学生抑郁的预测作用

（一）大学生 EMBU 量表得分情况的性别差异

下表为大学生 EMBU 量表得分情况的性别差异：

表 5-17　大学生 EMBU 量表得分情况的性别差异 $(x \pm s)$

变量	项目	男大学生	女大学生	t
父亲教养方式	情感温暖、理解	54.7±10.0	54.8±10.6	−0.08
	惩罚、严厉	18.0±6.1	16.1±4.7	2.75**
	过分干涉	19.4±4.6	18.0±3.8	3.52***
	偏爱被试	10.9±3.9	10.1±3.5	2.05*
	拒绝、否认	9.5±3.3	8.5±2.3	4.09***
	过度保护	12.6±3.4	11.9±2.7	2.47*
母亲教养方式	情感温暖、理解	56.25±9.4	55.8±10.0	0.41
	过度保护、过分干涉	34.0±7.9	31.7±6.3	3.36
	拒绝、否认	12.7±4.5	11.9±3.4	2.05*
	惩罚、严厉	12.4±4.4	11.6±3.2	2.14*
	偏爱被试	10.9±3.8	10.2±2.6	1.89

注：* 表示 $p < 0.05$；** 表示 $p < 0.01$；*** 表示 $p < 0.001$。

观察表 5-17 结果表明，大学生在父母教养方式评价量表上存在较大的性别间差异，具体表现为，在父亲教养分量表中，惩罚、严厉，过分干涉，偏爱被试，拒绝、否认和过度保护五个维度上男生得分显著比女生高；在母亲教养分量表中，拒绝、否认和惩罚、严厉两个维度男生得分显著比女生高。这表明父亲对于男生既有更多的偏爱但同时也会更加严格和较多干涉，母亲则对男生更多地表现出严格的态度倾向。

（二）大学生父母教养方式与抑郁相关分析

使用 Pearson 检验对父母教养方式各维度得分与抑郁得分进行分析，见表 5-18：

表 5-18　大学生父母教养方式与抑郁的相关分析

项目	父亲教养方式分量表					
	情感温暖、理解	惩罚、严厉	过分干涉	偏爱被试	拒绝、否认	过度保护
抑郁	−0.142**	0.328**	0.130**	0.048	0.202**	0.218**

项目	母亲教养方式分量表				
	情感温暖、理解	惩罚、严厉	过度保护、过分干涉	偏爱被试	拒绝、否认
抑郁	−0.080	0.228**	0.192**	0.234**	0.084

注：** 表示 $p < 0.01$。

从上表相关系数可以看出，大学生抑郁与父母教养方式评价量表各维度存在不同程度的相关。在父亲教养方式分量表中，抑郁与情感温暖、理解因子存在显著负相关，即大学生体会到更多父亲的情感温暖、理解会产生更少的抑郁情绪。抑郁与惩罚、严厉，过分干涉，拒绝、否认，过度保护呈现显著正相关，这说明父亲体现更多此类的行为孩子会容易产生抑郁情绪。在母亲教养方式分量表中，抑郁与过度保护、过分干涉，拒绝、否认，惩罚、严厉，偏爱被试四个因子呈显著正相关，这说明如果母亲表现较多这样的行为，大学生会感受到更多的抑郁情绪。

（三）大学生父母教养方式对抑郁的多元逐步回归分析

采用逐步多元回归分析法进行回归分析，最终将父亲严厉和母亲过度保护纳入方程，结果见表 5-19：

表 5-19　大学生父母教养方式对抑郁的多元逐步回归分析摘要表

项目	标准化系数	t 值	F 值	显著性
父亲严厉	0.289	3.95		0.000***
母亲过度保护	0.128	2.07		0.040*
常数	7.406	4.28		0.000***
调整的 R^2	0.132		19.28	0.000***

注：* 表示 $p<0.05$；*** 表示 $p<0.001$。

上表数据说明，在 EMBU 量表两个分量表 11 个因子（父亲教养方式分量表：情感温暖、理解，惩罚、严厉，过分干涉，偏爱被试，拒绝、否认，过度保护；母亲教养方式分量表：情感温暖、理解，过度保护，过分干涉，拒绝、否认，惩罚、严厉，偏爱被试）预测因变量抑郁时，在两个显著因子进入回归方程式，有 2 个因子的预测力较强，回归方程其解释变异量为 0.132，即父亲惩罚、严厉和母亲过度保护这 2 个因子能够预测大学生抑郁 13.2% 的变异量。其标准化回归方程式为：抑郁＝0.289×父亲惩罚、严厉＋0.128×母亲过度保护＋7.406。

（四）分析与讨论

本研究使用父母教养方式评价量表，来考察大学生父母教养方式在性别间的差异，研究结果表明，在父母教养方式评价量表上存在性别差异，具体为，在父亲教养分量表中，惩罚、严厉，过分干涉，偏爱被试，拒绝、否认，过度保护五个维度上男生得分显著高于女生；在母亲教养分量表中，拒绝、否认和惩罚、严厉两个维度男生得分显著高于女生。这说明父亲对男生有更多的偏爱但也会更加严格要求，母亲在对待男生时则常表现出严格的态度。

大量研究证明，父母教养方式与抑郁情绪之间关系密切，主要表现为父母积极的教养方式可以给孩子带来积极向上的情绪体验。本研究基于大学生父母教养方式来探究抑郁发病机制，相关分析表明，父母教养方式评价量表各维度与大学生抑郁存在不同程度的相关。在父亲教养方式分量表中，大学生抑郁与情感温暖、理解维度存在显著负相关。说明父亲的情感温暖可以减少孩子的抑郁情绪。而大学生抑郁与惩罚、严厉，过分干涉，拒绝、否认，过度保护呈现显著正相关，说明父亲若采取这些消极教养行为对待孩子时，孩子更容易出现抑郁情绪。在母亲教养方式分量表中，大学生抑郁与过度保护、过分干涉，拒绝、否认，惩罚、严厉，偏爱被试四个维度呈显著正相关，这说明母亲表现较多消极教养行为时，孩子会更容易感受到抑郁情绪。随后进一步回归分析结果显示，父亲惩罚、严厉和母亲过度保护这 2 个因子能够预测大学生抑郁 13.2％的变异量。上述研究结果表明，大学生抑郁情绪与父母教养方式有着紧密相关。而且回归分析证明了，传统上的"严父慈母"并不是很好的教育方法，父亲过于严厉或母亲过度保护都对大学生抑郁情绪有着很大的影响。在孩子的大学阶段，父亲应多表现一些理解与关爱，而母亲则不能太过保护孩子，这样可以帮助孩子塑造良好的心理品质，促进其发展。

（五）小结

大学生在父母教养方式评价量表上存在较大的性别差异。相关及回归分析表明，大学生抑郁与父母的教育方式密切相关，父亲惩罚、严厉和母亲过度保护这 2 个因子能够预测大学生抑郁 13.2％的变异量。在中国，每一个家庭都希望自己的孩子能成龙成凤，对子女有很多要求，干涉也较多，但过高的期望值并不利于孩子的健康成长。本研究通过相关回归分析表明，父母教养方式对大学生抑郁情绪有着极大的影响，父母应该给予处于大学阶段的孩子更多的支持和理解，这可以更好地促进孩子成长，同时形成良好的心理品质。

第六章
大学生抑郁：基因多态性与社会心理因素的共同作用

当前的研究大多集中于抑郁的社会心理因素，如生活事件、人格、应对方式、家庭教养等。而对生理学因素也大多集中于基因多态性对抑郁的影响。本章将从基因多态性和社会心理因素的共同作用来综述对抑郁的影响。

第一节　基因多态性与社会心理因素对
大学生抑郁影响的研究现状

一、多基因对抑郁的影响现状

数量遗传学研究遗传与环境对遗传表现型方差的贡献，而分子遗传学则是在 DNA 分子水平上研究特定基因的效应，伴随着分子遗传学的发展，测定与抑郁有关的具体基因成为可能。目前识别与确定与抑郁相关联的风险/易感基因的方法主要有三种：连锁研究（linkage study）、候选基因关联研究（candidate gene association study）和全基因组关联研究（genome-wide association study）。连锁研究的具体方法为，通过大规模的"家族谱系研究"或"患病同胞对研究"追踪一个 DNA 标记的等位基因和抑郁的协同传递，从而确定与抑郁有关的遗传基因。候选基因关联研究则根据既有遗传相关信息（基因的功能和在基因组上的位置）、生物相关信息（SNP 功能类和通路信息）又或者相关实证研究结果来直接选定可能与抑郁有关的基因。全基因组关联研究在许多高通量基因分型技术发展的基础上，从人类全基因组范围内的序列变异（单核苷酸多态性，single nucleotide polymorphism，SNP）中筛选出与抑郁相关联的 SNP。候选基因关联研究和全基因组关联研究是目前应用较广泛的筛选抑郁候选基因的方法，通过这两种方法研究者确定了特定基因与抑郁的直接关联。迄今为止，研究者考察了多巴胺系统基因、5-羟色胺系统基因、脑源性神经营养因子以及神经内分泌系统基因等与抑郁的直接关联，并取得了丰硕成果。然而，单个遗传基因对抑郁的影响非常小，通常不足 1%。作为一种复杂的心理问题，抑郁受到许多基因的共同影响，多基因系统里的这些基因被称为"数量性状基因座（quantitative trait locus，QTL）"（Plomin，2008）。每个 QTL 只有很小的效应，不直接决定抑郁的发生，众多在不同程度上发挥作用的 QTL 使抑郁症状在人群中呈连续分布，即数量分布。因此，随着研究的深入，研究者指出应同时考察多个候选基因对抑郁的累加效应（cumulative effects）。

Wray、Goddard 和 Visscher（2007）曾指出可以通过计算"多基因得分"的方式考察多基因对个体表型的影响。多基因得分的计算方法主要有两种：候选基因—多基因得分和全基因组关联研究—多基因得分。前者指通过文献检索选取与抑郁相关的多个候选基因位点，并在此基础上将个体携带的多种风险/易感等位基因数量直接进行加和获得多基因得分指标，然后对个体的抑郁水平做出预测。全基因组关联研究—多基因得分则通过全基因组关联研究分析，获得与抑郁存在显著关联的多个 SNP，将其加权求和计算得到多基因得分。这种方法一般需要进行两个步骤：第一步，在探索性样本中进行全基因组关联研究分析，设定基因位点与抑郁关联的显著性阈限（PT值），然后筛选出 P 值小于阈限的 SNP；第二步，根据上一步筛选出的 SNP 的易感等位基因型数量，依据其预测力的大小进行加权后求和，作为多基因遗传指标考察其对个体抑郁症状的预测作用。例如 Pearson-Fuhrhop 等（2014）采用候选基因—多基因得分方法，以 273 名健康个体和 1267 名抑郁症患者为研究对象，考察 5 种多巴胺系统基因（COMT、DAT1、DRD1、DRD2 和 DRD3）与抑郁水平之间的关联。其结果显示，在两组被试中个体携带的低活性多巴胺等位基因的数量越多，其抑郁水平越高。Levine 等（2014）进行的一项长达 18 年的追踪研究显示，全基因组关联研究—多基因得分能够显著预测成年人的抑郁水平，多基因得分对抑郁的解释率为 3%，具体表现为个体的多基因得分越高，即携带的风险基因越多，其表现出的抑郁水平越高。不可否认，遗传基因影响个体的抑郁水平。然而，无论是单个基因的效应还是多个基因的累加效应都不是预先设定的或决定性的，环境因素对抑郁的影响同样重要。愈来愈多的研究证实，遗传基因与环境因素交互作用于抑郁的发生和发展，考察特定基因与环境因素及它们对抑郁的交互作用才能更好地揭示抑郁的发生机制。

（一）候选基因

如前所述，候选基因包括 TPH2 基因、BDNF 基因、5-HT 基因、MAOA 基因和 DRD2 基因，对这些基因前文已有介绍，这里不再赘述（参见前面章节）。

（二）多基因与抑郁

1. 多种基因联合效应

遗传对抑郁的影响及其作用机制是青少年抑郁的科学研究领域中重要的基础理论问题和前沿课题，近年来受到分子遗传学、发展心理学和发展精神病理学研究者的广泛关注。既有大量家系、双生子和收养研究表明，抑郁的发生具有重要的遗传基础。总体而言，儿童青少年的抑郁遗传率约为 24％～55％。分子遗传学领域的研究则进一步揭示，5-羟色胺系统、多巴胺系统和 HPA 轴系统基因是抑郁的重要候选基因，但这些基因常常不是独立发挥作用，而是与环境交互作用于抑郁，即基因与抑郁的关系会受到个体所处环境条件的影响。

近十几年来，采用单基因—环境设计考察遗传和环境对抑郁的影响及其交互作用方式是当前该领域研究的基本范式。该范式主要采用单核苷酸或序列片段多态性（single nucleotide polymorphism，SNP）研究，选择基因位点内部或者邻近区域的 SNP，一次只检测一个 SNP 用以评估候选基因与抑郁之间的关联。虽然该范式下的研究成果为揭示抑郁的发生机制和个体差异提供了重要的科学证据，但是这类设计存在明显的局限性。一方面，随着基因序列多样性证据的增加，研究者开始质疑单个 SNP 研究的有效性。以单个 SNP 为基础的候选基因研究（single SNP-based candidate gene studies）具有较弱的统计效应，其解释率往往不足 2％[①]，而且研究结论通常不一致。

---

① JANUAR，VANIA，RICHARD，et al. Epigenetics and depressive disorders：a review of current progress and future directions［J］. International journal of epidemiology，2015，44（4）：1364-1387.

另一方面，早期研究显示，相比单个 SNP，多基因位点的联合效应与复杂表型间的关联更加密切。由此，研究者认为单个 SNP 不能提供全面的遗传信息，可能会错误地排除候选基因与疾病之间的真实关联。也就是说，单纯考察单基因的作用不仅可能造成研究结果的假阳性，而且还可能过分简化遗传基因对抑郁的作用过程。尤其是对抑郁这种复杂的心理行为表型而言，明显受到多种遗传基因的共同影响。当前家族研究和分子领域的研究也已经为抑郁的多基因遗传基础提供了充足的证据。20 世纪 70 年代的家庭谱系研究发现，抑郁并不符合单基因遗传模式，如亨廷顿舞蹈症等，而是以一种非孟德尔式的、多基因模式遗传。来自神经生理机制和药理学研究发现，抑郁症遗传的生理基础为一种或多种神经递质系统内的神经元或受体之间相互影响。如有研究发现，抑制 5-羟色胺转运体（serotonin transporter，5-HTT）功能可以增加 BDNF 基因 mRNA 的表达从而产生更多 BDNF，而 BDNF 能够激活 5-羟色胺神经元上的 TrkB 受体（tropomyosin receptor kinase B，原肌球蛋白受体激酶 B），进而影响抑郁的发生发展。全基因组关联研究和分子遗传学为此提供了新的证据，这些研究发现了一系列引发抑郁的风险基因，并且提示多种风险基因间并非相互独立，而是联合影响抑郁的发生发展，其作用模式复杂多样[①]。

　　综上所述，伴随着研究者对单基因遗传研究有效性的质疑、全基因组关联研究（genome-wide association study，GWAS）的新进展以及对"遗传率缺失（deletion）"原因探索的兴起，研究者不仅发现了多种与抑郁密切相关的风险基因，并且发现多种基因联合影响抑郁的发生发展。由此，深入考察多基因间的联合作用成为抑郁遗传发生机制研究的主要趋势。当前，新兴的多基因研究主要分为两种类型：多基因累加分研究和多基因交互效应研究。

2. 抑郁的多基因累加分研究

　　目前，考察多基因联合效应常用的一种方法是多基因累加遗传得分（polygenic score，PS）。该方法主要有两种研究范式：GWAS-PS 和候选基因-PS。GWAS-PS 范式将全基因组关联分析获得的与抑郁存在显著关联的

　　① PEYROT W J，MILANESCHI Y，ABDELLAOUI A，et al. Effect of polygenic risk scores on depression in childhood trauma [J]. The British journal of psychiatry，2014，205（2）：113-119.

多种单核苷酸多态性位点加权求和计算多基因遗传得分①。该方法通常需要探索和验证两个样本：首先，在样本一中进行探索性 GWAS 分析，GWAS 包含系统地检验不同基因组位点的基因型频次是否在患者组和正常组之间存在差异，通过设定基因位点与抑郁相关的显著性水平，筛选显著性水平符合标准的 SNP；其次，基于探索性研究筛选出的基因位点，在样本二中考察 GWAS-PS 对抑郁的预测作用，即样本一中获得的多种 SNP 的等位基因数量（0，1，2）按照其预测力大小加权后相加计算 GWAS-PS。

既有研究已经发现 GWAS-PS 能够显著预测抑郁。Levine 等（2014）一项追踪长达十八年的研究发现，GWAS-PS 与成人（50 岁以上）的抑郁水平存在显著关联，累加遗传得分的解释率为 3%，个体携带的风险等位基因数量越多（即 GWAS-PS 越高），个体的抑郁水平越高。另一项研究还对多基因累加得分的年龄差异进行了分析，Demirkan 等（2011）采用基因关联信息网络—重性抑郁障碍全基因组研究（The Genetic Association Information Network-Major Depressive Disorder，GAIN-MDD 项目）中的 3540 名成人被试为样本，进行探索性 GWAS 分析，筛选出符合显著性要求的多个 SNP。随后对鹿特丹研究序列（Rotterdam Study Cohort）的中年被试（48.7% 女性）和荷兰吕克芬家庭研究（Erasmus Rucphen Family Study，ERF）中的老年被试（58.2% 女性）进行多基因累加分统计分析发现，GWAS-PS 可以显著预测个体的抑郁水平，遗传解释率为 0.7%～1%，并且多基因得分对抑郁的影响几乎不随年龄发生变化。

此外，有三项研究检验了 GWAS-PS（基于国际重性抑郁精神病基因联合会的数据）与童年创伤事件对重性抑郁的预测作用②③。这三项研究发现 GWAS-PS 具有显著的主效应，并且其与压力性生活事件交互影响抑郁。Peyrot 等（2014）和 Mullins 等（2016）研究报告了 GWAS-PS 与童年创伤经历的交互作用显著预测抑郁。Peyrot 及其同事（2014）发现相比低

---

① 曹衍森，王美萍，曹丛，等. 抑郁的多基因遗传基础 [J]. 心理科学进展，2016（4）：525-535.

② MULLINS N，POWER R A，FISHER H L，et al. Polygenic interactions with environmental adversity in the aetiology of major depressive disorder [J]. Psychological medicine，2015，1（4）：1-12.

③ MUSLINER K L，SEIFUDDIN F，JUDY J A，et al. Polygenic risk，stressful life events and depressive symptoms in older adults：a polygenic score analysis [J]. Psychological medicine，2015，45（8）：1709-1720.

GWAS-PS 得分和没有创伤经历的个体，具有较高 GWAS-PS 得分和童年创伤经历的个体更可能产生重性抑郁。然而，Mullins 及其合作者（2016）的研究却报告了不同的结果，具有低 GWAS-PS 得分且具有中等程度到严重童年创伤经历的被试比其他人更可能罹患抑郁。对于这一分歧，Mullins 等（2003）对其进行了解释：童年创伤经历是一种效应很强的风险因素，可能掩盖了其他基因对疾病的效应。此外，Mullins 及其同事（2016）还检验了GWAS-PS 与成年期压力性生活事件对重性抑郁的预测作用，结果显示这一交互效应不显著。Musliner 等（2015）也检验了成年人两年内的压力性生活事件与 GWAS-PS 对抑郁的影响，其结果与 Mullins 等（2016）的结果一致，未发现显著的多基因×环境交互作用。这些相对不一致的研究结果强调了未来需要进一步考察不同类型和不同时期压力性生活事件与遗传素质对精神疾病的效应。正如 Rutter 等（2006）提出的，考察导致对环境风险因素反应性差异的 GWAS-PS 可能是 G×E 交互作用的基础。如在一个独立的样本中，研究者发现转录组糖皮质醇受体（GR）反应性功能改变相关的基因变体与重性抑郁预测面对威胁相关任务时的杏仁核反应异常相关联。这一发现表明基因变体调节与压力直接关联的分子反应可能与压力过程神经环路的差异有关，并且与压力相关精神疾病的风险增加有关。在一项基于 PGC（Psychiatric Genomics Consortium）的元分析研究中发现，改变细胞对压力反应的遗传变体明显丰富了与 MDD 和精神分裂相关的基因库。

Dunn 及其同事（2016）使用社会支持和压力性生活事件为环境变量，在 10000 名少数民族女性中进行了 GWEIS（genome-wide by environment interaction studies，GWEIS）与抑郁症状的关联分析。这一研究发现遗传对抑郁的效应可能存在民族差异。具体来说，在非裔美国女性中，同时携带 CEP350 基因为主要等位基因和具有较高水平压力性生活事件的个体具有更高的抑郁症状。但是，这一结果在一个独立的小重复样本中没有获得验证，这一研究也强调了进行 GWEIS 研究需要大样本量。此外，除了需要大样本量，GWEIS 是基于 GWAS 研究并且其与环境因素相结合，这可能会导致统计复杂性的问题[1]。比如，使用大样本并且包含对环境测量的研究在这些指标上存在明显的和隐藏的测量差异的风险。

---

[1] KRAFT P，ASCHARD H. Finding the missing gene-environment interactions [J]. European journal of epidemiology，2015，30（5）：353-355.

尽管 GWAS-PS 是一种无偏分析方法，但是其对样本量和统计的要求更加严格。相较之下，使用候选基因多基因累加分是一种确保统计效力的简洁方式。与 GWAS-PS 相类似，候选基因-PS 也是采用同样的思路计算多基因累加分，两者的区别在于选择基因的方式不同，候选基因-PS 主要通过梳理既有研究中证实的功能性候选基因。Vrshek-Schallhorn 等（2015）分别以青少年早期和青少年晚期到成人早期阶段的个体为被试，考察五个 5-羟色胺系统基因（HTR1A、HTR2A、HTR2C 和两个 TPH2 基因）与人际压力（重大人际压力事件和慢性人际压力事件）对青少年抑郁的影响，结果显示多基因累加得分与重大人际压力事件交互预测青少年重性抑郁，而且如果排除了人际压力事件的影响，多基因累加得分对青少年抑郁可以起到一种保护性作用。该研究还对此进行了结果可靠性检验，发现排除任何一个单核苷酸多态性，该累加得分均能与人际压力显著预测抑郁。

上述研究表明多基因位点更可能共同塑造精神疾病的风险。因此，多基因风险得分（polygenic risk score，PRS）分析为遗传作用机制研究提供了一种新的框架。与假设驱动的单个候选基因研究不同，多基因方法包含很多常见基因位点（尽管其在整个基因组中的效应很小）。因此，PRS 代表了一种多个 SNP 的累加效应，具有较高的 PRS 意味着患病的遗传素质更大。与单个候选基因位点相比，这一得分提供了更好的代表性。多基因分析已经表明其比单基因位点具有更大的累加效应量和更大的预测力。此外，PRS 不仅仅局限于检验疾病风险，还可以用于检验行为表现、脑活性和与环境反应相关的生理和分子测量指标。这为在不同的分子和行为水平上更细致地探索环境和遗传倾向的交互作用提供了可能。这一领域的发展很快，可以提高预测力和统计效力的新兴计算方法不断涌现。在研究设计上，多基因研究不需要直接指向具体的致病基因。然而，一些互补的方法，如基因集分析（gene-set）、改变基因表达或 DNA 甲基化或位于相关增强区域的相关功能变体，可以用于更进一步剖析遗传因素的潜在生物机制。

值得指出的是，相比任何单基因位点的研究，基于多基因累加遗传假设，采用多基因位点累加分在增加遗传因素的效应量方面具有一定的优势，而且相比单基因类别变量，多基因遗传得分是一种连续变量指标，在检验 G×E 交互作用时具有优势。但是，采用多基因累加得分方法需要特别注意：随着研究发现的候选基因数量增加，研究者可能选择很多具有极小效应的基因位点（包括假阳性位点）组成多基因指标以获得显著的结果，但是这可能造成遗传指标的滥用并人为扩大遗传效应。因此，研究应该选择先前研究已经确定的确实对抑郁具有功能性影响的基因位点，避免数据驱动（data driven）的风险。同时，在进行多基因累加效应研究时最好选择同一神经递质系统的基因而不是跨系统的基因位点，这样有助于探索多基因与内表型之间的关联进而确定抑郁发生的内部作用机制。

3. 抑郁的多基因交互效应研究

《行为遗传学》一书指出"在一个多基因模型中，表现型的遗传效应 G 表示的是来自不同基因效应的总和（G＝G1＋G2＋…＋GN）。但是这并不意味着不同等位基因效应的简单相加，也就是说，多基因模型还需要考虑不同基因座的效应并非无关地相加而是彼此间有相互作用的可能性——交互作用或者上位性（epistasis）"。

既有研究显示，同一神经生化系统的多种候选基因间可能交互影响抑郁。譬如，Doornbos 对孕妇孕期抑郁的研究发现，怀孕 36 周时，相比其他基因型组合，同时携带 MAOA（monoamine oxidase A，单胺氧化酶 A）低活性等位基因型与 COMT Met/Met 基因型的个体表现出明显的抑郁水平增加。与此类似，一项针对欧裔普通人群消极情绪性（恐惧、悲伤和愤怒）和积极情绪性的研究发现，同时携带 COMT Val/Val 基因型和 DAT1 9R/9R 基因型的个体报告了最低的悲伤情绪性得分，而具有其他三种基因型的个体之间差异不显著。

此外，不同神经生化路径的多基因间也可能存在联合效应。如多巴胺系统候选基因与神经内分泌系统候选基因存在交互作用，共同影响个体罹患抑郁的风险。更重要的是该研究显示，这种多基因交互作用存在性别差异。在女性中，三个基因交互影响抑郁，只有同时携带 DRD2 TT 基因型、ACVR2B（activin receptor type-2B，2B 型激活素受体）CC 或 TT 基因型和 APOC3（apolipoprotein C-Ⅲ，载脂蛋白 C-3）TT 基因型的抑郁风险更高，但是在男性中表现为两个基因的交互作用，同时携带 DRD2 C 等位基因与 GNRH1（gonadotropin-releasing hormone 1，促性腺素释放激素 1 型）T 等位基因的个体男性抑郁风险更高。此外，有关情绪障碍神经生化机制的研究显示，5-羟色胺受体的活性可以诱导 BDNF 基因转录产生 BDNF，从而 BDNF 进一步调控 5-HT 神经元轴突的可塑性，进而影响抑郁。

该神经生化机制已经获得了实证研究的支持。一项大样本的病例和对照组研究显示，5-HT2A 型受体（serotonin receptor 2A）基因和 BDNF 基因对抑郁存在交互作用的倾向，在重度抑郁患者组中同时携带 5-HTR2A A 等位基因和 BDNF T 等位基因的个体更多（Lekman et al.，2014）。正如著名心理学家 Plomin（2013）在纵览已往的遗传研究后提出"除基因与环境之间可能存在交互作用以外，多种遗传候选基因之间也可能存在复杂的相互作用"这一观点。考察多种基因间的联合作用也成为抑郁遗传基础研究的热点问题。作为一种新近兴起的研究思路和范式，多基因设计在抑郁研究中的应用还比较少见，迄今只有为数不多的几项研究开始采用这种设计探究遗传和环境对抑郁的影响及其作用机制问题，而且这些研究对象主要为成年人且年龄差异较大，研究结果无法用于解释青少年抑郁。更为重要的是，目前以青少年为被试的研究候选基因数往往很少，分析其内在机制存在困难。所以，这些研究实际上没有很好地体现多基因研究设计的思想，其结果的解释力也受到局限。鉴于此，本项目将选择多个基因作为遗传指标，考察其对青少年抑郁的联合影响。

二、社会心理因素对抑郁的影响现状

如前所述，社会心理因素包括社会因素与心理因素，具体来说包括生活事件、人格、应对方式、父母教养方式等，鉴于前文已有论述（参见前面相关章节），此处不再赘述。

生活事件与抑郁的关系已被许多研究所揭示，生活事件对抑郁具有直接作用。然而，仍有许多研究表明，生活事件对抑郁的作用可能受其他因素的中介或调节作用。凌宇（2013）的研究发现，神经质在生活事件与抑郁中的调节作用。席畅等（2016）的横断研究也表明，神经质在生活事件和抑郁间起调节作用。姚树桥（2009）对大学生的抑郁水平和神经质进行追踪调查研究，结果发现，神经质在日常应激与抑郁之间存在调节作用，即相对于低神经质水平的学生，高神经质的学生在同等刺激下更容易产生抑郁。然而，对于神经质在生活事件与抑郁之间的关系，存在着不同的结果，研究表明，神经质在生活事件与负性情绪中起中介作用。虽然在他的研究中，负性情绪采用的是抑郁和焦虑的得分总和，并未单独将抑郁作为因变量进行分析，但是具有一定的借鉴作用。在本研究中可以对神经质在生活事件和抑郁间的作用进行验证。

目前，应对方式作为一种重要的中介因素，一方面影响着心理应激与情绪反应的关系，另一方面，应对方式是继将认知中介因素引入心理应激与情绪反应的关系研究之后的又一个主要的研究进展。应对方式与各种应激之间存在着相互影响或是相互制约的关系，当应对方式受各种应激的影响或情境的影响，个体在面对不同种类的应激时，会使用不同的应对方式，有时个体会使用多种应对方法来面对各种应激，不同种类的应对方式可能增加或是减少个体的应激水平，进而影响生活事件与个体情绪反应的关系。且近年来的研究发现，越是采用积极应对方式的个体，其抑郁水平越低。如Haghighatgou 等（2002）的调查表明，使用积极应对方式的个体与那些使用消极应对方式的个体来说，使用积极应对方式的个体较少报告抑郁症状。Faust 等（1998）的研究发现，经常采用积极应对方式（如努力面对、尝试解决问题等）的母亲与那些不采用或很少采用积极应对方式（如努力面对、尝试解决问题等）的母亲来说，经常采用积极应对方式的母亲报告较少的抑郁情绪，Faust 等（2001）的研究表明积极的应对方式能够减少应激的反应水平，进而降低个体抑郁的发生。张月娟等（2005）的研究表明，应对方式对抑郁具有直接预测作用，同时在生活事件与抑郁间起到中介作用。牛更枫等（2013）的研究发现，应对方式在生活事件与抑郁间起到中介作用。杨美荣等（2009）的研究表明，不成熟的应对方式与抑郁情绪之间存在显著相关。此外，应对方式还与人格特征、认知评价、个体自身的一些因素（如性别、年龄、文化与身体素质等）以及社会支持等有密切关系。

三、基因多态性与社会心理因素对抑郁的影响现状

作为一种新近兴起的研究思路和范式，多基因×环境设计在抑郁研究中的应用还较为少见，至今只有少数几项研究开始采用这种设计探究遗传和环境对抑郁的影响及其作用机制。如 Gutiérrez 等（2015）对 18～75 岁被试的研究发现，同时携带 5-HTTLPR S 等位基因与 BDNF Met 等位基因且在儿童期遭受过虐待的个体，表现出最高水平的重度抑郁。而且目前多数研究考察了多基因与家庭环境因素或压力性生活事件的交互作用，仅有少数研究关

注同伴环境。有关基因与同伴环境的交互作用研究主要来自单基因研究。如 Sugden 等（2010）探讨了 5-HTTLPR 基因与同伴欺负对青少年情绪问题（退缩和焦虑/抑郁）的预测作用，发现频繁遭受侵害并且携带 SS 基因型的青少年比其他基因型携带者（SL 和 LL 基因型）报告了更高的情绪问题。Benjet 等（2010）考察了 5-HTTLPR 基因与同伴关系侵害对女性青少年抑郁的预测作用，结果显示携带 SS 基因型的女青少年更容易受到同伴关系侵害的影响而表现出较高的抑郁症状。Iyer 等（2013）对 157 名青少年的研究显示，同伴侵害总分与 5-HTTLPR 对青少年抑郁存在交互作用，携带至少一条 S 等位基因的青少年在较高水平的同伴侵害环境中抑郁水平较高[①]。但是值得指出的是，国外的 3 项研究均是采用 5-HTTLPR 基因（5-羟色胺系统基因），而据我们所知极少有研究考察多巴胺系统基因与同伴环境的交互作用。国内已经有关于多巴胺系统基因与同伴环境指标的研究。譬如有研究发现 DRD2 基因 TaqIA 多态性与同伴身体侵害和同伴关系侵害交互影响青少年早期抑郁。具体表现为：在男生中，A2A2 纯合子携带者在经历较多的同伴身体侵害和关系侵害后，抑郁水平显著升高，而在 A1 等位基因携带者中，两种类型的同伴侵害对青少年抑郁均无显著的预测作用。在女生中，DRD2 基因与两种类型的侵害均无交互效应。此外，有研究以 1048 名 15 岁青少年为被试，采用 COMT 基因 Val158Met 多态性与同伴接纳和同伴拒绝为预测变量，考察了基因×环境交互作用对青少年抑郁的即时效应。结果显示，COMT 基因 Val158Met 多态性与同伴接纳/拒绝交互仅能预测男青少年抑郁症状，而与女青少年抑郁无关，且这一交互作用模式符合不同易感性模型。在消极同伴环境中（低同伴接纳或高同伴拒绝），相比携带 Met 等位基因的男青少年，Val/Val 纯合子携带者具有更高的抑郁水平，而在积极同伴环境中（高同伴接纳或低同伴拒绝），Val/Val 纯合子携带者抑郁水平显著低于携带 Met 等位基因的男青少年。

上述单基因研究为本研究 5-HTR1A、DRD2、BDNF 和 MAOA 基因，结合生活事件、人格、应对方式和父母教养探究对大学生抑郁的影响提供了初步的证据。国内研究者曹丛等（2017）对 757 名男青少年的研究发现，

---

① IYER P A, DOUGALL A L, JENSEN-CAMPBELL L A. Are some adolescents differentially susceptible to the influence of bullying on depression? [J]. Journal of research in personality，2013，47（4）：272-281.

MAOA 基因 T941G 多态性、COMT 基因 Val158Met 多态性与同伴身体和关系侵害交互作用于青少年的抑郁。具体表现为：相比其他基因型组合，只有在同时携带 COMT Met 等位基因与 MAOA 高活性 G 等位基因的男青少年中，同伴身体和关系侵害均显著正向预测抑郁水平。但是该研究仅采用了男性样本，而相关单基因研究显示多巴胺系统基因与环境对青少年抑郁的影响存在性别差异，上述研究尚不能回答多基因与环境的交互效应是否存在差异的问题。当前多基因研究均采用了同伴侵害这一个体水平的同伴环境指标，也不能确定多基因与环境的交互作用是否能够推广到群体水平的同伴环境指标。值得指出的是，既有研究显示环境因素不仅调节多基因与抑郁间的直接关联，而且能够调节多基因的作用过程进而参与抑郁的产生机制。由此，确定多基因与环境背景对抑郁的交互效应仅仅是考察多基因与同伴环境对抑郁作用机制的第一步。本章将以 5-HTR1A、DRD2、BDNF 和 MAOA 基因，结合生活事件、人格、应对方式和父母教养探究基因×环境对大学生抑郁的影响。

第二节　基因多态性与社会心理因素的交互作用对大学生抑郁的影响

通过上述研究综述可以发现，尽管既有研究已经为遗传基因与环境因素对抑郁的影响机制提供了较为丰富的证据，但是既有研究仍存在一些局限性，仍需要对这些问题进行深入考察，具体如下：

（1）尽管既有研究已经明确指出抑郁是一种多基因遗传疾病，绝大多数抑郁的遗传研究仍然采用单基因研究范式，这就必然会带来单基因研究所面临的一些局限性。首先，单基因研究结果的可靠性需要慎重考虑，对此的质疑主要来自单基因对抑郁较小的解释率以及其研究结果的分歧[①]。其次，单基因研究不能提供全面的遗传信息，忽视了基因间的相互作用，导致研究结

---

① JANUAR, VANIA, RICHARD, et al. Epigenetics and depressive disorders: a review of current progress and future directions [J]. International journal of epidemiology, 2015, 44 (4): 1364-1387.

果不可靠，甚至可能错误地排除候选基因与行为表型间的真实关联。由此，虽然单基因研究为探索抑郁的遗传机制提供了初步的证据和重要结果，但是其本身统计效力及方法的局限性不足以全面解释抑郁的遗传机制。

（2）当前的多基因遗传基础研究缺乏理论基础且存在滥用遗传指标的风险。由于目前抑郁多基因研究仍处于起步阶段，故仍存在一些问题。首先，抑郁候选基因的数量众多，如何选择基因进行多基因研究是研究者面临的重要问题。在这一阶段，一些研究可能会依赖于数据结果的显著性将一些遗传基因进行随机组合进行多基因研究，即便获得了显著的结果，结果的解释也存在问题。其次，虽然单个 SNP 的解释率极低，多种效应的 SNP 的联合效应必然会提高其遗传解释率，这必然会造成过度拟合和过度解释的风险。对于这一问题，著名心理学家 Vrshek-Schallhorn 等（2015）也明确指出进行多基因研究需要一定的理论基础，而不能依赖于数据驱动的结果。

（3）忽视对多基因间相互作用模式的探索。研究指出，多种候选基因间既可能表现为不同基因座之间的累加效应，也可能表现出彼此之间的交互作用或上位性作用模式。如 Pearson-Fuhrhop 等（2014）等研究发现 COMT、DAT、DRD1、DRD2 和 DRD3 这五种基因间存在累加效应模式，但是 Felten 等（2011）的研究却发现 COMT 基因与 DAT1 基因之间存在交互作用。将相互之间存在交互作用的多基因以一种累加的方式进行分析显然是不合适的。正如 GWAS 研究指出，GWAS-多基因研究获得的遗传解释率通常低于双生子研究的解释率，其可能的原因就是忽视了多基因间交互作用的可能性。由此进行多基因研究需要仔细考虑不同基因间的作用模式。

（4）当前研究对多基因作用路径或作用机制的研究十分缺乏。越来越多的研究指出考虑基因到表型路径中的内表型将会有助于探测遗传易感性对表型的影响。基因通常不直接编码行为，而是可以通过影响蛋白质结构和功能对神经生理过程有近端影响；而相比基因，神经生理过程与行为表型的关联也更近，也就是说越是行为性的表型，其被基因直接影响的可能性越小。但是这并不意味着遗传基因不参与行为表型的表达。因此，对内表型的探索有助于揭示不显著的研究结果背后的作用机制，还原基因对抑郁的影响过程。

（5）通过前述研究综述可知同伴环境变量不仅直接影响青少年抑郁，还能参与"基因—内表型—抑郁"这一中介作用过程。当前已有初步的证据显示环境变量可能不仅调节基因到抑郁的直接作用路径，还可能参与基因到抑郁的间接作用路径。但是既有研究通常只从理论上分析了环境变量参与这一中介过程的可能性，目前极少有研究对此进行考察，而且对不同的环境变量是否存在不同的影响机制这一问题并未进行详细分析。未来研究应该对这一问题进行详细探索，不仅考察多基因对抑郁的作用路径，而且考察不同类型的环境变量参与这一过程的方式。从研究方法和设计上：①既有研究忽视了对基因编码方式的考察。现有抑郁的遗传研究对候选基因的编码方式通常包括加性、显性、隐性三种不同的编码方式。在多基因研究中，不同的基因编码方式可能造成不同的研究结果，而且在多种候选基因用于累加多基因得分计算时，如果不同候选基因位点具有不同的遗传效应则可能造成理解的混淆。最常见的两种情况是：如果不同基因位点（等位基因）对抑郁的预测效应相反，不同的编码方式可能造成多基因累加效应相互抵消；相对于其他基因，某一基因位点的预测力较强，而合成多基因联合效应主要的解释率贡献来自这一单个基因。在这两种情况下，可能会造成使用的多基因得分实际上是被一个或两个候选基因的效应干扰。因此，应该对这一问题进行详细检测，而不应该采取数据驱动的方式对基因效应进行编码。②仅有少数研究采用纵向研究数据考察多基因对抑郁的作用过程。显然，正如著名心理学家Maxwell 和 Cole（2007）指出："中介效应应该包含随时间展开的因果过程。"由此，采用纵向数据构建中介模型是必要的，因为变量的排列位置可以被其时间关系引导。由此，在研究设计上应该要求自变量必须在中介变量之前发生，而中介变量必须在因变量之前发生。虽然，仅仅是时间顺序不能成为定义因果关系的基础，但是在检验其他条件前这确实是一条重要条件。

综上，本研究旨在采用为期 3 年的追踪研究设计，探讨 5-HTR1A、DRD2、BDNF 和 MAOA 基因，结合生活事件、人格、应对方式和父母教养对大学生抑郁的影响及其作用机制，具体研究问题如下：

（1）探索多基因在青少年抑郁发展中的联合作用。由于目前对多基因之间的作用模式并不清晰，这一部分是探索性研究：①探索多基因对抑郁的交互效应：多个遗传基因是否以非加性交互作用的方式联合影响抑郁。②探索易感等位基因累加数量对抑郁的加性影响：将个体在同一生理系统的多个候选基因位点上所携带的易感等位基因数量（0、1、2，或者更多）进行累加，采用该方法考察是否随着易感等位基因数量的增加，个体患抑郁症的风险也随之升高。

（2）在"基因—内表型—行为"框架下，考察多个基因通过不同路径对青少年抑郁的中介机制。在上述多基因联合效应的基础上，结合应对方式、父母教养等中介因素，考察多基因联合效应作用于抑郁的中介机制。

（3）综合考虑上述不同类型的同伴环境变量在多基因对抑郁的影响机制中的作用，比较不同类型的同伴环境的作用过程是否相一致，能否构建多基因与同伴环境对青少年抑郁影响机制的整合模型。

一、多基因对大学生抑郁的影响

（一）对象方法

1. 研究对象

采取方便抽样方式，从某大学以班级为单位选取 1120 名大一学生，发放问卷 1120 份，回收有效问卷 1078 份，回收有效率为 96%。其中，女生 772 人（71.6%），男生 306 人（28.4%）；独生子女 470 人（43.6%），非独生子女 608 人（56.4%）；非抑郁组（抑郁得分小于 16 分）808 人（75%），抑郁组（抑郁得分大于等于 16 分）270 人（25%）。

2. 方法

（1）流调中心抑郁量表：该量表共有 20 条目，包含抑郁情绪、积极情绪、躯体症状与活动迟滞以及人际等 4 个因素。采用 4 级（0~3）评分，得分越高表明抑郁症状越严重，该量表的总分在 0~60 分之间，通常使用 16 分为分界点，具有良好的信度与效度系数，可适用于我国青少年（陈祉妍，杨小冬，李新影，2009）。本研究中流调中心抑郁量表的内部一致性系数为 0.859。

（3）血液提取：在征得大学生、监护人以及学校三方同意的前提下，由专业护士对本研究中的被试抽取 2.5 mL 肘静脉血放于 EDTA 抗凝管中（血：EDTA=5:1），然后放置在-70 摄氏度的冰箱中保存。

（3）DNA 提取与分型：本研究采用 TIANGENBIOTECH 公司的 DNA 试剂盒对 301 个样本进行 DNA 提取。获取 DNA 样本后，利用上海天昊生物科技有限公司的 imLDRTM 多重 SNP 分型试剂盒对 301 个样本进行 SNP 位点分型。随后将获取的原始数据文件用 Gene-Mapper 4.1 软件（Applied biosystems）来分析。

（4）数据处理与分析

采用 SPSS 24.0 以及进行数据处理与分析。

3. 结果

（1）基因型分布与抑郁的相互关系

以流调中心抑郁量表总分 16 分为分界点，大于或等于 16 分为抑郁，采用相关分析，发现 DRD2、BDNF、MAOA、TPH2 和 5-HTR1A 基因大部分基因位点都与抑郁不相关，只有 5-HTR1A 基因 116985176 位点与 BDNF6265 位点与抑郁有关，这也符合单位点往往只有少数基因与抑郁相关的观点。

表 6-1　基因型与抑郁的相关

基因		类别			t
DRD2	rs4322431	A/A25(8.3%)	T/A106(36.2%)	T/T167(55.5%)	0.058
	rs1800497	A/A48(15.9%)	G/A144(47.8%)	G/G109(36.2%)	0.066
	rs2471851	A/A122(40.5%)	C/A137(45.5%)	C/C42(14%)	0.043
	rs76499333	A/A9(3%)	G/A88(29.2%)	G/G204(67.8%)	0.000
BDNF	rs6265	C/C82(27.6%)	C/T130(43.2%)	T/T88(29.2%)	0.136
	rs988748	C/C85(28.2%)	G/C128(42.5%)	G/G88(29.2%)	0.043
	rs7104270	C/C102(33.9%)	C/T135(44.9%)	T/T64(21.3%)	0.061
MAOA	rs6323	G/G123(40.9%)	G/T118(39.2%)	T/T60(19.9%)	0.032
	rs3027407	A/A122(40.5%)	G/A119(39.5%)	G/G60(19.9%)	0.028
TPH2	rs41317118	G/A16(5.3%)	G/G285(94.7%)		0.046
	rs17110747	A/A23(7.6%)	G/A110(36.5%)	G/G168(55.8%)	0.040
	rs4570625	G/G69(22.9%)	G/T154(51.2%)	T/T78(25.9%)	0.003
	rs7305115	A/A87(28.9%)	G/A152(50.5%)	G/G62(20.6%)	0.018
5-HTR1A	rs6449693	A/A191(63.5%)	G/A96(31.9%)	G/G14(4.7%)	0.055
	rs6295	C/C18(6%)	C/G108(35.9%)	G/G175(58.1%)	0.063
	rs749098	C/C46(15.3%)	C/G144(47.8%)	G/G111(36.9%)	0.102
	rs116985176	A/A246(81.7%)	C/A52(17.3%)	C/C3(1%)	0.137*
	rs75604552	C/C256(85%)	C/T45(15%)		0.052

注：* 表示 $p<0.05$。

（2）TPH2 基因 rs17110747 与 5-HTR1A 基因 rs749098 对大学生抑郁的影响

进一步探讨多个基因多个位点的相互作用，看其对大学生抑郁是否有影响。TPH2 基因 rs17110747 与 5-HTR1A 基因 rs749098 对大学生抑郁的影响见表 6-2：

表 6-2　TPH2 基因 rs17110747 与 5-HTR1A 基因 rs749098 对大学生抑郁的影响

变量	因变量：抑郁				
	β	SE	t	CI_low	CI_high
constant	−1.05	0.57	−1.84	−2.16	0.07
X1	1.07	0.62	1.73	−0.15	2.29
X2	1.50	0.60	2.50*	0.32	2.68
W1	1.47	0.64	2.32*	0.22	2.72
W2	1.61	0.67	2.42*	0.30	2.92
Int_1	−1.53	0.70	−2.20*	−2.90	−0.16
Int_2	−1.92	0.73	−2.65**	−3.35	−0.49
Int_3	−1.97	0.67	−2.93**	−3.29	−0.64
Int_4	−2.08	0.70	−2.95**	−3.46	−0.69

注：rs17110747 进行虚拟编码，X1 为 G/A 基因型，X2 为 G/G；rs749098 同样进行虚拟编码，W1 为 C/G，W2 为 G/G；$Int_1 = X1 * W1$，$Int_2 = X1 * W2$，$Int_3 = X2 * W1$，$Int_4 = X2 * W2$。* 表示 $p < 0.05$，** 表示 $p < 0.01$。

表 6-2 结果表明，TPH2 基因 rs17110747 与 5-HTR1A 基因 rs749098 对大学生抑郁显著，且交互作用也是显著的。具体结果见图 6-1。

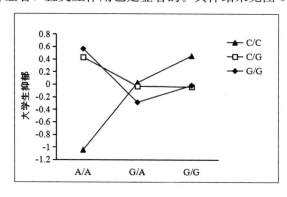

图 6-1　TPH2 基因 rs17110747 与 5-HTR1A 基因 rs749098 对大学生抑郁影响的简单斜率图

（3）MAOA 基因 rs3027407 与 TPH2 基因 rs4570625 对大学生抑郁的影响

探讨 MAOA 基因 rs3027407 与 TPH 基因 rs4570625 交互作用对大学生抑郁的影响，结果如表 6-3：

表 6-3　MAOA 基因 rs3027407 与 TPH2 基因 rs4570625 对大学生抑郁的影响

变量	因变量：抑郁				
	β	SE	t	CI_low	CI_high
constant	−0.26	0.16	−1.61	−0.58	0.06
X1	0.62	0.26	2.41*	0.11	1.13
X2	0.09	0.30	0.32	−0.49	0.68
W1	0.26	0.21	1.23	−0.15	0.67
W2	0.27	0.25	1.07	−0.22	0.76
Int_1	−0.48	0.31	−1.52	−1.10	0.14
Int_2	−0.86	0.37	−2.33*	−1.58	−0.13
Int_3	−0.19	0.37	−0.52	−0.92	0.53
Int_4	0.32	0.45	0.71	−0.57	1.22

注：rs3027407 进行虚拟编码，X1 为 G/A 基因型，X2 为 G/G；rs4570625 同样进行虚拟编码，W1 为 G/T，W2 为 T/T；$Int_1 = X1 * W1$，$Int_2 = X1 * W2$，$Int_3 = X2 * W1$，$Int_4 = X2 * W2$。* 表示 $p < 0.05$。

表 6-3 结果表明，MAOA 基因 rs3027407 对大学生抑郁的影响显著，且 MAOA 基因 rs3027407 与 TPH 基因 rs4570625 交互作用也是显著的。具体结果见图 6-2。

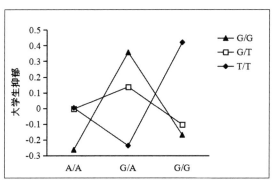

图 6-2　MAOA 基因 rs3027407 与 TPH 基因 rs4570625 对大学生抑郁影响的简单斜率图

（4）TPH2 基因 rs17110747 与 5-HTR1A 基因 rs6295 对大学生抑郁的影响

探讨 TPH2 基因 rs17110747 与 5-HTR1A 基因 rs6295 交互作用对大学生抑郁的影响，结果如表 6-4：

表 6-4　TPH2 基因 rs17110747 与 5-HTR1A 基因 rs6295 对大学生抑郁的影响

变量	因变量：抑郁				
	β	SE	t	CI_low	CI_high
constant	−1.05	0.57	−1.85	−2.16	0.07
X1	1.15	0.66	1.73	−0.15	2.45
X2	1.86	0.68	2.75**	0.53	3.19
W1	2.21	0.68	3.27**	0.88	3.54
W2	1.16	0.63	1.85	−0.07	2.40
Int_1	−2.39	0.77	−3.10**	−3.91	−0.87
Int_2	−1.46	0.73	−2.00*	−2.89	−0.03
Int_3	−3.02	0.78	−3.87***	−4.56	−1.49
Int_4	−1.95	0.73	−2.65**	−3.39	−0.50

注：rs17110747 进行虚拟编码，X1 为 G/A 基因型，X2 为 G/G；rs6295 同样进行虚拟编码，W1 为 G/C，W2 为 G/G；$Int_1 = X1 * W1$，$Int_2 = X1 * W2$，$Int_3 = X2 * W1$，$Int_4 = X2 * W2$。* 表示 $p < 0.05$，** 表示 $p < 0.01$，*** 表示 $p < 0.001$。

表 6-4 结果表明，TPH2 基因 rs17110747 与 5-HTR1A 基因 rs6295 对大学生抑郁的影响显著，且二者交互作用也是显著的。具体结果见图 6-3。

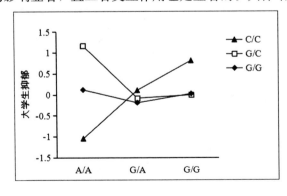

图 6-3　TPH2 基因 rs17110747 与 5-HTR1A 基因 rs6295 对大学生抑郁的影响

（5）MAOA 基因 rs3027407 与 5-HTR1A 基因 rs6295 对大学生抑郁的影响

探讨 MAOA 基因 rs3027407 与 5-HTR1A 基因 rs6295 交互作用对大学生抑郁的影响，结果如表 6-5：

表 6-5　MAOA 基因 rs3027407 与 5-HTR1A 基因 rs6295 对大学生抑郁的影响

变量	因变量：抑郁				
	β	SE	t	CI_low	CI_high
constant	−0.62	0.38	−1.66	−1.36	0.12
X1	1.43	0.49	2.93**	0.47	2.40
X2	0.22	1.06	0.21	−1.87	2.31
W1	0.67	0.41	1.64	−0.13	1.48
W2	0.53	0.39	1.34	−0.24	1.30
Int_1	−1.52	0.54	−2.83**	−2.58	−0.46
Int_2	−1.27	0.52	−2.45*	−2.29	−0.25
Int_3	−0.13	1.09	−0.12	−2.28	2.01
Int_4	−0.26	1.08	−0.24	−2.39	1.87

注：rs6323 进行虚拟编码，X1 为 G/A 基因型，X2 为 G/G；rs6295 同样进行虚拟编码，W1 为 G/C，W2 为 G/G；$Int_1 = X1 * W1$，$Int_2 = X1 * W2$，$Int_3 = X2 * W1$，$Int_4 = X2 * W2$。* 表示 $p < 0.05$，** 表示 $p < 0.01$。

表 6-5 结果表明，TPH2 基因 rs3027407 对大学生抑郁的影响显著，且二者交互作用也是显著的。具体结果见图 6-4。

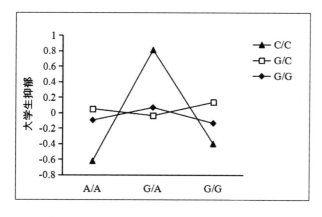

图 6-4　MAOA 基因 rs3027407 与 5-HTR1A 基因 rs6295 对大学生抑郁的影响

（6）BDNF 基因 rs7104270 与 TPH2 基因 rs4570625 对大学生抑郁的影响

探讨 BDNF 基因 rs7104270 与 TPH2 基因 rs4570625 交互作用对大学生抑郁的影响，结果如表 6-6：

表 6-6　BDNF 基因 rs7104270 与 TPH2 基因 rs4570625 对大学生抑郁的影响

变量	因变量：抑郁				
	β	SE	t	CI_low	CI_high
constant	−0.58	0.22	−2.66*	−1.00	−0.15
X1	0.68	0.28	2.45**	0.13	1.23
X2	0.79	0.29	2.67*	0.21	1.36
W1	0.64	0.28	2.25*	0.08	1.20
W2	0.78	0.34	2.29*	0.11	1.46
Int_1	−0.73	0.36	−2.06*	−1.43	−0.03
Int_2	−0.83	0.42	−1.96	−1.65	0.00
Int_3	−0.80	0.37	−2.16*	−1.53	−0.07
Int_4	−1.32	0.45	−2.92**	−2.21	−0.43

注：rs7104270 进行虚拟编码，X1 为 C/T 基因型，X2 为 C/C；rs4570625 同样进行虚拟编码，W1 为 G/T，W2 为 G/G；$Int_1 = X1 * W1$，$Int_2 = X1 * W2$，$Int_3 = X2 * W1$，$Int_4 = X2 * W2$。* 表示 $p < 0.05$，** 表示 $p < 0.01$。

表 6-6 结果表明，BDNF 基因 rs7104270 与 TPH2 基因 rs4570625 对大学生抑郁的影响显著，且二者交互作用也是显著的。具体结果见图 6-5。

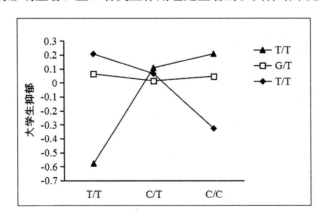

图 6-5　BDNF 基因 rs7104270 与 TPH2 基因 rs4570625 对大学生抑郁的影响

以上研究表明，多个抑郁易感基因的易感位点对大学生抑郁有较好的预测作用，多个基因共同对大学生抑郁产生作用。

二、社会心理因素对大学生抑郁的影响

（一）对象方法

1. 研究对象

采取方便抽样方式，从某大学整班选取 1120 名大一学生，发放问卷1120 份，回收有效问卷 1078 份，回收有效率为 96%。其中，女生 772 人（71.6%），男生 306 人（28.4%）；独生子女 470 人（43.6%），非独生子女608 人（56.4%）；非抑郁组（抑郁得分小于 16 分）808 人（75%），抑郁组（抑郁得分大于等于 16 分）270 人（25%）。

2. 研究工具

（1）流调中心抑郁量表（CES-D）：该量表共有 20 条目，包含抑郁情绪、积极情绪、躯体症状与活动迟滞以及人际等 4 个维度。采用 0～3 四点计分，得分越高表明抑郁症状越严重。该量表通常使用 16 分为分界点，大于等于 16 分则认为存在抑郁。量表具有良好的信度与效度系数，可适用于我国青少年（陈祉妍，杨小冬，李新影，2009）。本研究中流调中心抑郁量表的内部一致性系数为 0.86。

（2）大学生生活事件量表（ASLEC）：大学生生活事件量表是由刘贤臣编制的。量表共 27 个条目，包括六个分量表：人际关系、学习压力、受惩罚、丧失、健康适应、其他。量表采用 5 点记分，从 1"未发生"到 5"极重影响"，将分量表得分相加计算总分。得分越高表明应激量越大。本量表适用于中学生和大学生群体，量表信度良好，Cronbach's α 系数为 0.85，重测信度为 0.69。

（3）艾森克人格问卷（EPQ）：艾森克人格问卷是测量人格维度的工具。问卷共 40 个项目，起初只测神经质（Neuroticism，N）维度。后续进行了数次修订，增加了外向量表（Extraversion，E）、测谎量表（Lie scale，L）。与 MPI 相比，EPQ 中的 E 和 N 是两个完全独立的维度。1975 年，形成较为成熟的艾森克人格问卷（Eysenck Personality Questionnaire，EPQ），并引入了精神质（Psychoticism，P）量表，共 90 个项目，进而发展为成人问卷和大学生问卷两种格式。1985 年，艾森克将该问卷再次修订成修订版的艾森克

人格问卷（EPQ-R），共 100 个项目。之后艾森克等编制了成人应用的修订版的艾森克人格问卷简式量表（EPQ-RS），每个分量表 12 个条目，共 48 个条目。相对于其他以因素分析法编制的人格问卷而言，EPQ 问卷涉及概念较少，施测方便，有较好的信度和效度（EPQ-RS 的信度：P 量表 0.61~0.62，E 量表 0.84~0.88，N 量表 0.80~0.84，L 量表 0.73~0.77），因此被许多不同国家的学者广泛应用并进行了相应修订。

（4）父母教养方式评价量表（EMBU）：父母教养方式评价量表由瑞典 Umea 大学精神医学系的 Carlo Perris 等于 1980 年编制而成，用以评价父母教养态度和行为的问卷。1993 年，岳冬梅等以英文版本作为原量表，对 EMBU 进行了修订，使之更适合中国人群使用。量表共 81 个条目，涉及父母 15 种教养行为：辱骂、剥夺、惩罚、羞辱、拒绝、过分保护、过分干涉、宽容、情感、行为取向、归罪、鼓励、偏爱同胞、偏爱被试和非特异性质行为。修订后的量表共 115 个条目，量表采用 1~4 点计分，从 1 "从不" 到 4 "总是"。其中父亲教养方式分量表有 6 个维度 58 个条目；母亲教养方式分量表有 5 个维度 57 个条目。

3. 数据处理与分析

采用 SPSS 24.0 进行数据处理与分析，主要统计分析方法为 χ^2 检验、相关分析、回归分析。

4. 结果

（1）本研究中各量表分与抑郁相关

表 6-7　量表分与抑郁的相关

类别	M	SD	r
生活事件	53.68	20.62	0.366**
积极应对	33.14	5.43	−0.328**
消极应对	27.84	6.23	0.567**
神经质	11.35	5.60	0.627**
精神质	10.31	2.42	0.323**
父亲情感温暖	52.51	9.36	−0.355**
父亲惩罚、严厉	16.51	4.30	0.236**

（续表）

类别	M	SD	r
父亲过分干涉	19.14	3.40	-0.04
父亲偏爱被试	10.48	3.38	-0.100
父亲拒绝、否定	8.86	2.48	0.293**
父亲过度保护	12.24	2.68	0.182**
母亲情感	55.39	9.70	-0.362**
母亲过度保护	33.20	5.75	0.080
母亲拒绝、否认	12.25	3.60	0.225**
母亲惩罚、严厉	11.95	3.31	0.242**
母亲偏爱被试	10.52	3.44	-0.080

注：** 表示 $p < 0.01$。

表 6-7 列出了各研究变量平均数和标准差与抑郁的相关。从表中可以看出，抑郁与生活事件、积极应对、消极应对、神经质、精神质、父亲情感温暖、父亲惩罚严厉、母亲情感温暖、母亲拒绝否定和母亲惩罚严厉相关，而与父亲过分干涉、父亲偏爱被试、母亲过度保护和母亲偏爱被试无显著相关。为进一步了解社会心理因素对抑郁的影响，进行回归分析。

（2）回归分析探究社会心理因素对抑郁的影响

应用回归分析探究社会心理因素对抑郁的影响，结果如表 6-8：

表 6-8 社会心理因素对抑郁的回归

项目	B	SE	t	p
Constant	8.635	3.778	2.286	0.023
生活事件总分	0.031	0.017	1.799	0.073
神经质得分	0.481	0.089	5.379	0.000
精神质	-0.134	0.167	-0.804	0.422
积极应对得分	-0.210	0.065	-3.229	0.001
消极应对得分	0.347	0.066	5.295	0.000
父亲情感温暖	-0.036	0.094	-0.385	0.701
父亲惩罚、严厉	-0.091	0.141	-0.647	0.518
父亲过分干涉	-0.190	0.148	-1.283	0.201
父亲偏爱被试	0.032	0.223	0.142	0.887

（续表）

项目	B	SE	t	p
父亲拒绝、否定	0.549	0.236	2.330	0.020
父亲过度保护	0.084	0.159	0.528	0.598
母亲情感	−0.044	0.091	−0.482	0.630
母亲过度保护	0.019	0.098	0.196	0.845
母亲拒绝、否认	−0.170	0.169	−1.002	0.317
母亲惩罚、严厉	0.109	0.168	0.648	0.518
母亲偏爱被试	−0.061	0.221	−0.275	0.783
R^2		0.52		
F		19.15***		

注：*** 表示 $p < 0.001$。

通过回归分析，以各量表得分预测抑郁的水平发现，方程拟合很好（$F = 19.15^{***}$），神经质，积极应对、消极应对和父亲拒绝、否定进入方程，可以解释抑郁的 52% 的原因。

方程：抑郁＝8.635＋0.481× 神经质得分－0.210×积极应对得分＋0.347×消极应对得分＋0.598×父亲拒绝、否定得分。

（3）结构方程模型分析探究社会心理因素对大学生抑郁的影响

采用流调中心抑郁量表、中文版儿童期虐待问卷、青少年生活事件量表、领悟社会支持量表、中文网络成瘾量表和主观幸福感量表，对 1120 名大学生展开调查，探讨上述变量对大学生抑郁情绪的影响。

从已有相关文献论述来看，上述变量对大学生抑郁都有影响，且变量之间有相互作用，由此我们建构了以下模型，如图 6-6：

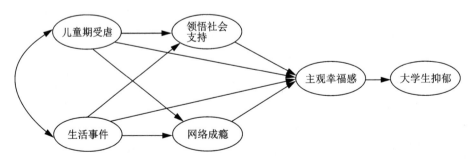

图 6-6 社会心理因素对大学生抑郁的影响

　　分析各研究变量的平均数和标准差以及相关与区分效度矩阵，从表 6-9 中可以看出，大学生抑郁、儿童期受虐、生活事件、网络成瘾、领悟社会支持和主观幸福感各因素之间两两相关（$p<0.01$），且 AVE 的平方根大于或等于各成对变量相关系数，有着较好的区分效度。

表 6-9　各研究变量平均数和标准差以及相关和区分效度矩阵

类别	1	2	3	4	5	6
1. 大学生抑郁	(0.67)					
2. 儿童期受虐	0.38**	(0.64)				
3. 生活事件	0.36**	0.27**	(0.80)			
4. 网络成瘾	0.31**	0.22**	0.30**	(0.84)		
5. 领悟社会支持	−0.39**	−0.46**	−0.22**	−0.21**	(0.81)	
6. 主观幸福感	−0.56**	−0.44**	−0.28**	−0.27**	0.50**	(0.56)
M	2.22	7.30	11.58	9.55	16.21	15.25
SD	1.43	1.96	4.53	2.59	2.67	2.19

　　注：括弧中的数字为 AVE 值，** 表示 $p<0.01$。

　　采用偏差校正的非参数百分位（Bias-corrected percentile method）Bootstrap 检验路径分析结果如图 6-7（标准化路径模型图）所示，除儿童期受虐对主观幸福感预测不显著外，所有直接路径均达到显著水平。生活事件对网络成瘾（$\beta=0.26$，$p<0.001$）、领悟社会支持（$\beta=-0.13$，$p<0.05$）和主观幸福感均预测显著（$\beta=-0.14$，$p<0.001$）；儿童期受虐对网络成瘾（$\beta=0.23$，$p<0.01$）和领悟社会支持（$\beta=-0.37$，$p<0.01$）预测显著；网络成瘾（$\beta=-0.22$，$p<0.001$）和领悟社会支持（$\beta=0.43$，$p<0.001$）对主观幸福感预测显著；主观幸福感（$\beta=-0.78$，$p<0.001$）对大学生抑郁的预测显著。潜变量间接分析结果见图 6-7，模型所有间接路径都显著，且生活方式与儿童期受虐对大学生抑郁的总间接效应显著（Ind8，$\beta=0.134$，$p<0.001$；Ind7，$\beta=0.29$，$p<0.001$）。潜变量结构方程证明，儿童期受虐与生活事件，可以通过网络成瘾和领悟社会支持降低主观幸福感，进一步导致大学生抑郁。

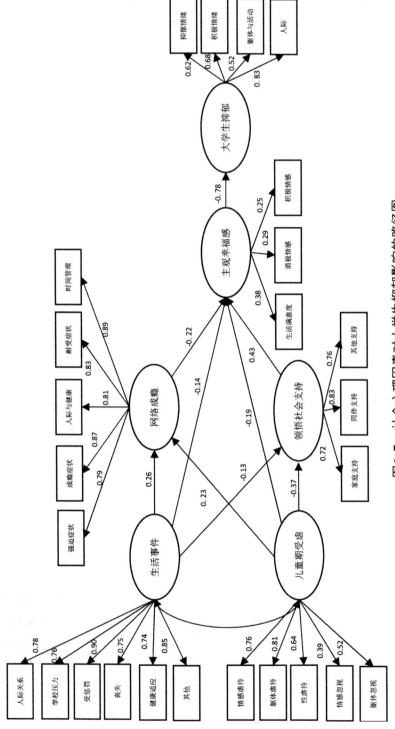

图6-7 社会心理因素对大学生抑郁影响的路径图

表 6-10　中介效应的 Bootstrap 检验（标准化）

| 路径 | 点估计值 | 系数乘积 Product of Coefficients | | | Bootstrap Bias-corrected 95%CI | | |
		Boot SE	Z	p	Lower	Upper	p
Ind_1	0.04	0.01	3.11	0.002	0.02	0.07	0.000
Ind_2	0.04	0.02	2.05	0.040	0.01	0.09	0.009
Ind_3	0.04	0.01	2.61	0.009	0.02	0.08	0.001
Ind_4	0.12	0.03	4.43	0.000	0.08	0.19	0.000
Ind_5	0.19	0.06	3.32	0.001	0.09	0.31	0.001
Ind_6	0.27	0.12	2.30	0.022	0.02	0.47	0.032
Ind_7	0.29	0.08	3.82	0.000	0.18	0.48	0.000
Ind_8	0.14	0.03	4.33	0.000	0.08	0.20	0.000

　　注：Ind_1（生活事件→网络成瘾→主观幸福感→大学生抑郁）；Ind_2（生活事件→领悟社会支持→主观幸福感→大学生抑郁）；Ind_3（儿童期受虐→网络成瘾→主观幸福感→大学生抑郁）；Ind_4（儿童期受虐→领悟社会支持→主观幸福感→大学生抑郁）；Int_5（生活事件→主观幸福感→大学生抑郁）；Ind_6（儿童受虐→主观幸福感→大学生抑郁）；Ind_7（$Ind_3+Ind_4+Ind_6$）；Ind_8（$Ind_1+Ind_2+Ind_5$）。

　　以上结果表明，单方程模型无法解释抑郁复杂多变的发展机制。大学生抑郁受多种相互作用的因素共同影响。

　　积极心理学家认为，抑郁个体往往表现出愉悦感、参与感和意义感的缺乏，过去的研究者常常将其视为抑郁的症状表现之一，但是，这很可能是导致抑郁的真正原因（Seligman，Rashid & Parks，2006）。本研究结果显示，低水平的主观幸福感可以显著预测抑郁，这与积极心理学的理论一致。儿童期是人生一个特殊的发展阶段，是认知、言语、社交、情绪以及神经生理发展的重要时期，温暖安全的环境是健康发展的关键性因素，相反，儿童期遭受虐待对个体今后的心理发展都会造成深远的影响（Annerb，et al.，2012；Kim，et al.，2012）。儿童期不良经历作为一种严重影响儿童身心健康的发展的行为，广泛存在于世界各地（Felitti，et al.，2019；Hunt，et al.，2016）。大量研究表明，童年期遭受虐待的个体存在较高水平的精神障碍，而且随着虐待的时间越长，频率越高，更有可能预测青春期和成年期抑郁（Abela & Skitch，2007；Harkonmäki, et al.，2007）。过往研究显示，在心理虐待和忽视环境中长大的儿童，由于缺乏必要的家庭温暖、情感交流与教育，感受到较少的社会支持，渴望寻求某种方式减轻内心的痛苦，继而转向虚拟性、脱离现实性的网络，进而导致网络成瘾（Yates, Gregor & Haviland，2012）。本研究将儿童期受虐纳入为抑郁发展的一个重要应激源，结果表明儿童期受虐不仅可以直接负向预测个体主观幸福感，也可以通过网络成瘾和领悟社会支持间接降低主观幸福感，从而预测大学生抑郁。

处于青少年晚期过渡到成人早期的大学生将面对诸多变化，有更高的抑郁风险（叶宝娟，朱黎君，方小婷，2018）。作为一种重要的心理社会应激源，生活事件对个体身心健康的影响引起人们的广泛关注（Kendler & Gardner，2016；Shervin & Moghani，2016）。研究表明，较多的生活事件会使人产生抑郁、焦虑等消极情绪情感体验，严重影响个体正常社会功能（Sarubin, et al.，2018；Zou, et al.，2018）。大学生由于家庭变故、意外受伤、情感问题以及学业与就业压力而感受较少社会支持时，会出现逃避现实，沉迷网络以找寻归属感的行为。本研究也探究生活事件对大学生抑郁的影响，结果显示，一方面，生活事件可以直接影响个体主观幸福感，另一方面，也可以通过网络成瘾与领悟社会支持负向预测个体主观幸福感，进而导致大学生抑郁。

三、基因多态性与社会心理因素的交互作用对大学生抑郁的影响

（一）对象方法

1. 研究对象（同上，略）

2. 方法

（1）流调中心抑郁量表（CES-D）（同上，略）

（2）大学生生活事件量表（ASLEC）（同上，略）

（3）艾森克人格问卷（EPQ）（同上，略）

（4）父母教养方式评价量表（EMBU）（同上，略）

（5）血液提取（同上，略）

（6）DNA 提取与分型（同上，略）

（7）数据处理与分析

采用 SPSS 24.0 进行数据处理与分析，主要统计分析方法为卡方检验、相关分析和回归分析。

3. 结果

（1）本研究中基因型和各量表得分与抑郁的相关分析

表 6-11 基因型和量表分与抑郁的相关

类别	M	SD	r
rs4322431	—	—	0.058
rs1800497	—	—	0.066
rs2471851	—	—	0.043
rs76499333	—	—	0.000
rs6265	—	—	0.036
rs988748	—	—	0.043
rs7104270	—	—	0.061
rs6323	—	—	0.032
rs3027407	—	—	0.028
rs41317118	—	—	0.046
rs17110747	—	—	0.040
rs4570625	—	—	0.003
rs7305115	—	—	0.018
rs6449693	—	—	0.055
rs6295	—	—	0.063
rs749098	—	—	0.102
rs116985176	—	—	0.137*
rs75604552	—	—	0.052
生活事件	53.68	20.62	0.366**
积极应对	33.14	5.43	−0.328**
消极应对	27.84	6.23	0.567**
神经质	11.35	5.60	0.627**
精神质	10.31	2.42	0.323**
父亲情感温暖	52.51	9.36	−0.355**
父亲惩罚、严厉	16.51	4.30	0.236**
父亲过分干涉	19.14	3.40	−0.040
父亲偏爱被试	10.48	3.38	−0.100
父亲拒绝、否定	8.86	2.48	0.293**
父亲过度保护	12.24	2.68	0.182**
母亲情感	55.39	9.70	−0.362**
母亲过度保护	33.20	5.75	0.080
母亲拒绝、否认	12.25	3.60	0.225**
母亲惩罚、严厉	11.95	3.31	0.242**
母亲偏爱被试	10.52	3.44	−0.080

注：* 表示 $p<0.05$，** 表示 $p<0.01$。

  表 6-11 列出了各研究变量平均数和基因型与抑郁的相关。从表中可以看出，抑郁与 5-HTR1A 基因 116985176 位点，以及生活事件、积极应对、消极应对、神经质、精神质、父亲情感温暖、父亲惩罚严厉、母亲情感温暖、母亲拒绝否认和母亲惩罚严厉等相关；但与父亲过分干涉、父亲偏爱被试、母亲过度保护、母亲偏爱被试和其他基因型无显著相关。为进一步了解基因型与社会心理因素对抑郁的影响，进行回归分析。

表 6-12 社会心理因素对抑郁的回归

类别	B	SE	t	p
Constant	5.633	7.592	0.742	0.459
生活事件总分	0.037	0.019	2.016	0.045*
神经质得分	0.442	0.093	4.732	0.000***
精神质	−0.096	0.175	−0.551	0.582
积极应对得分	−0.224	0.068	−3.321	0.001**
消极应对得分	0.362	0.068	5.307	0.000***
父亲情感温暖	−0.043	0.098	−0.437	0.662
父亲惩罚、严厉	−0.091	0.146	−0.622	0.535
父亲过分干涉	−0.217	0.152	−1.421	0.156
父亲偏爱被试	0.068	0.235	0.289	0.773
父亲拒绝、否定	0.547	0.248	2.205	0.028*
父亲过度保护	0.082	0.166	0.493	0.622
母亲情感	−0.032	0.095	−0.333	0.739
母亲过度保护	−0.002	0.102	−0.019	0.985
母亲拒绝、否认	−0.122	0.179	−0.678	0.499
母亲惩罚、严厉	0.094	0.178	0.527	0.599
母亲偏爱被试	−0.099	0.230	−0.431	0.667
rs4322431	−0.402	0.562	−0.714	0.476
rs1800497	0.870	0.853	1.021	0.308
rs2471851	−0.069	0.875	−0.079	0.937
rs76499333	−0.326	0.832	−0.392	0.696
rs6265	−0.694	0.995	−0.697	0.486
rs988748	−0.685	1.330	−0.515	0.607
rs7104270	1.524	1.719	0.887	0.376
rs6323	−0.094	3.392	−0.028	0.978

（续表）

类别	B	SE	t	p
rs3027407	0.441	3.400	0.130	0.897
rs41317118	0.296	1.624	0.182	0.855
rs17110747	0.345	0.641	0.538	0.591
rs4570625	−0.722	0.683	−1.056	0.292
rs7305115	0.590	0.693	0.851	0.396
rs6449693	0.943	1.326	0.711	0.478
rs6295	0.624	1.344	0.464	0.643
rs749098	−0.545	0.676	−0.805	0.421
rs116985176	−0.516	0.845	−0.610	0.543
rs75604552	0.125	0.996	0.125	0.901
R^2	0.54			
F	9.03***			

注：* 表示 $p < 0.05$，** 表示 $p < 0.01$，*** 表示 $p < 0.001$。

通过回归分析（如上表），以基因型和各量表分预测抑郁的水平发现，方程拟合较好（$F = 9.03***$），将生活事件、神经质、积极应对、消极应对和父亲拒绝否定纳入回归方程后，可以解释抑郁54%的原因。

方程：抑郁＝5.633＋0.037* 生活事件得分－0.442* 神经质得分－0.224* 积极应对得分＋0.362* 消极应对得分＋0.547* 父亲拒绝否定得分。

（2）儿童期受虐、主观幸福感、基因多态性与大学生抑郁的关系

儿童期受虐是一种典型的儿童期不良经历，大量研究表明童年期遭受虐待的个体会存在较高的精神障碍发生率，尤其是抑郁症。几乎所有类型的虐待都与青春期和成年期的临床抑郁症状存在密切联系（Abela, et al.，2007；Widom, et al.，2007；Harkonmäki, et al.，2007）。Nanni（2012）也曾通过元分析发现，遭遇过儿童期虐待的个体发展成周期性和持续性抑郁障碍的概率大约是没有此经历个体的两倍。不仅如此，研究显示儿童期受虐可以预测大学生的抑郁、自杀观念和自杀企图，并且虐待持续的时间越长，频率越高就越有可能增加青春期和成年期的抑郁水平（Boudewyn & Liem，1995；Wright，Crawford & Del Castillo，2009）。对儿童期受虐与大学生抑郁之间直接关系的研究较多，但二者之间是否存在更深层次的过程，即对

于儿童期受虐是"如何对抑郁产生影响"，以及在"哪种条件下产生影响"还有待进一步的探究。

自 1997 年塞里格曼就任美国心理学会主席并提出"积极心理学（positive psychology）"这一理念后，越来越多的心理学家开始涉足此研究领域。传统的抑郁认知理论认为，抑郁者的易感因素为消极认知倾向（Beck & Weishaar，2000），积极心理学将抑郁解释为积极资源（积极的认知偏差、积极的情绪情感以及积极的意志行动等）匮乏（周雅，刘翔平，苏洋，冉俐雯，2010）。主观幸福感（subjective well-being）是个体依据自我内化的标准对其生活质量做出的整体性判断（Diener，et al.，1999），作为一种重要的积极情绪情感，较高水平的主观幸福感会增加个体积极资源并作为一种保护因素降低抑郁的发生率（董妍，王琦，邢采，2012）。过往研究发现，个体的主观幸福感与心理健康水平显著正相关，且主观幸福感能够显著预测心理健康水平（Palomar-Lever & Victorio-Estrada，2014；Aghababaei & Arji，2014）。张连云（2006）也曾在一项对 348 名师范生抑郁、社会支持和主观幸福感之间关系的研究中发现，主观幸福感与抑郁呈显著负相关，并且抑郁组个体主观幸福感普遍低于非抑郁组。

通览相关研究发现，抑郁的素质—压力模型（diathesis-stress model）是有关于抑郁的基因×环境（G×E）交互作用研究的主要理论。该模型认为，当个体处于应激或高压状态时，具有某种不良遗传素质的个体更容易发生心理与行为问题。这也使得有关研究往往采取消极环境指标（例如童年期的受虐经历、父母离异、压力性生活事件等）来考察基因×环境交互作用（Aslund，et al.，2009；Caspi，et al.，2003；Beach，et al.，2010；Thompson，et al.，2011）。

来自行为遗传学领域的研究表明，遗传因素可解释抑郁 24%～55% 的变异（Rice，Harold & Thapar，2002）。MAOA（monoamine oxidase A，单胺氧化酶 A）基因是抑郁遗传学研究的重要候选基因（Nabavi，et al.，2015；Różycka，et al.，2015），人类 MAOA 基因位于 X 染色体 p11.23～11.4 区，编码单胺氧化酶 A，该酶是 5-HT、DA、NE 等单胺类神经递质重要的代谢酶。在抑郁发生机制的研究中，抑郁的单胺匮乏假说（the monoamine deficiency hypothesis）是研究者较为接受的一种理论。单胺匮乏假说认为 5-羟色胺（5-hydrox ytryptamine，5-HT）、多巴胺（dopamine，

DA）或去甲肾上腺素（noradrenaline，NE）等神经递质的功能下降是导致抑郁的主要原因，而位于 MAOA 基因外显子 8 的 rs6323（T941G）位点的存在 T→G 的突变，且突变后的等位基因 G 致使 MAOA 的活性升高，相对于等位基因 T，等位基因 G 能够提高 MAOA 活性多达 75%（Andersson，et al.，2005），使得这些单胺降解增加引起功能的改变（Belmaker & Agam，2008）。大量研究也表明，高活性 MAOA 等位基因携带者罹患重性抑郁的风险显著高于低活性等位基因（Fan，et al.，2010；Rivera，et al.，2009）。然而也有研究得出相反的结果，张洁旭（2009）对中国汉族 521 名重性抑郁患者及 566 名对照组被试的调查发现，携带低活性 MAOA 等位基因的女性罹患重性抑郁的风险更高。研究结果的分歧可能与上述研究均没有涉及环境因素的效应有关。而根据不同易感性模型的观点，同一基因型可以使个体变得"更好或更坏"。鉴于此，本研究中我们将采用 MAOA 基因 rs6323 多态性为遗传指标，在儿童期受虐—主观幸福感—大学生抑郁的中介模型中，以儿童期受虐和主观幸福感作为环境指标，对不同易感性模型观点进行验证，即携带某种基因型的个体是否在消极环境（儿童期受虐）下更容易患抑郁，而在积极环境（主观幸福感）表现出更低水平的抑郁。需要注意的是，MAOA 基因为伴 X 染色体基因，即男性仅携带一条等位基因，表现为等位基因 T 或等位基因 G，而女性携带两条等位基因，表现为 G/G、GT、T/T 三种基因型，这提示 MAOA 基因在表观遗传调控中可能存在性别差异。如 Byrd 和 Manuck（2014）在一项元分析研究中发现，对比携带 MAOA 基因高活性等位基因的男性，女性在经历童年期虐待的环境之后，更容易表现出反社会行为。建构的理论模型如图 6-8：

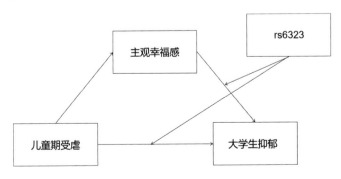

图 6-8　理论假设模型

　　（3）MAOA 基因 rs6323 多态性、儿童期受虐、主观幸福感与抑郁之间的描述统计与相关分析

　　表 6-13 列出了各研究变量平均数和标准差以及相关矩阵，由于 rs6323 为分类变量，先将其虚拟化为哑变量再做相关分析，从表 6-11 中可以看出，rs6323 多态性与儿童期受虐、主观幸福感和抑郁相关均不显著，可以排除基因×环境相关的可能性，即基因与环境指标是相互独立的，符合 Dunn（2011）所提出的 G×E 研究范式标准。而主观幸福感与儿童期受虐和抑郁相关显著且相关系数较大，符合中介模型的特点，同时儿童期受虐与抑郁也呈显著相关。

表 6-13　MAOA 基因 rs6323 多态性、儿童期受虐、主观幸福感与抑郁的描述统计量及相关分析结果

变量	G/G，G/T，T/T	1	2	3
rs6323	1			
儿童期受虐	−0.053，0.098，−0.054	1		
主观幸福感	0.018，−0.086，0.082	−0.450**	1	
抑郁	−0.081，0.088，−0.008	0.352**	−0.599**	1
M±SD	—	36.02±7.68	0±8.59	13.10±7.74

　　注：虚拟化 rs6323，分为三种类型；1 为儿童期受虐；2 为主观幸福感；3 为大学生抑郁。** $p < 0.01$。

　　（4）儿童期受虐与大学生抑郁：有调节的中介效应的检验

　　参照温忠麟和叶宝娟（2014）提出的检验方法，考察儿童期受虐与大学生抑郁的关系，主观幸福感的中介效应以及 MAOA 基因 rs6323 多态性对该中介作用的调节效应。如表 6-10 所示：方程 1 中儿童期受虐正向预测大学生抑郁（$\beta = 0.39$，$p < 0.001$），儿童期受虐与 rs6323 多态性交互项对大学生抑郁预测不显著（$\beta = -0.07$，$p > 0.05$）。这说明 rs6323 多态性在儿童期受虐对大学生抑郁中不起调节作用。方程 2 中儿童期受虐负向预测主观幸福感（$\beta = 0.45$，$p < 0.001$）；方程 3 中主观幸福感负向预测大学生抑郁（$\beta = 0.45$，$p < 0.001$），儿童期受虐对大学生抑郁的预测不显著（$\beta = 0.16$，$p > 0.05$），且 rs6323 多态性 G/T 基因型与主观幸福感的交互项对抑郁预测显著（$\beta = -0.30$，$p < 0.05$）。这表明，儿童期受虐、主观幸福感、大学生抑

郁和 rs6323 多态性构成一个有调节的中介效应模型，主观幸福感在儿童期受虐和大学生抑郁之间起完全中介作用，rs6323 多态性在模型后半段起调节作用。此外，表 6-14 列出 rs6323 不同基因型主观幸福感的中介效应值，其中 G/T 基因型中介效应最高。

表 6-14　有调节的中介效应检验

变量	方程1（因变量：Y）				方程2（因变量：M）				方程3（因变量：Y）			
	β	SE	t	95%CI	β	SE	t	95%CI	β	SE	t	95%CI
constant	−0.20	0.27	−0.75	[−0.74, 0.33]	−0.03	0.25	0.12	[−0.46, 0.52]	−0.25	0.23	−1.07	[−0.71, 0.21]
SEX	0.10	0.15	0.70	[−0.19, 0.39]	0.08	0.12	0.67	[−0.16, 0.32]	0.16	0.13	1.30	[−0.08, 0.13]
Only child	−0.02	0.11	−0.17	[−0.24, 0.20]	−0.11	0.11	−1.04	[−0.32, 0.10]	−0.06	0.09	−0.60	[−0.24, 0.13]
X	0.39	0.09	4.31***	[0.21, 0.56]	−0.45	0.05	−8.59***	[−0.55, −0.34]	0.16	0.09	1.81	[−0.01, 0.32]
W1	0.10	0.14	0.76	[−0.16, 0.37]					0.04	0.11	0.35	[−0.19, 0.27]
W2	0.09	0.15	0.61	[−0.20, 0.39]					0.14	0.13	1.09	[−0.11, 0.38]
XW1	−0.07	0.12	−0.59	[−0.31, 0.17]					−0.12	0.11	−1.09	[−0.35, 0.10]
XW2	−0.001	0.17	−0.003	[−0.33, 0.33]					0.05	0.16	0.33	[−0.26, 0.36]
M									−0.45	0.09	−5.30***	[−0.62, −0.29]
MW1									−0.30	0.12	−2.50*	[−0.53, −0.06]
MW2									0.06	0.14	0.45	[−0.21, 0.34]
R^2	0.13				0.21				0.40			
F	7.00***				25.68***				19.08***			

注：对 rs6323 多态性进行虚拟编码，其中 W1 为 G/T，W2 为 T/T；X 为自变量儿童期受虐；M 为中介变量主观幸福感；Y 为因变量抑郁。* 表示 $p<0.05$，*** 表示 $p<0.001$。

表 6-15　MAOA 基因 rs6323 位点不同基因型上主观幸福感的中介效应

中介变量	rs6323	中介效应值	BootSE	Boot CI 下限	Boot CI 上限
	G/G	0.20	0.05	0.12	0.31
主观幸福感	G/T	0.33	0.06	0.23	0.46
	T/T	0.17	0.07	0.05	0.32

为更好地解释调节效应，采用简单斜率检验考察 rs6323 多态性在主观幸福感与抑郁之间的关系中的影响。具体调节效应如图 6-9，当个体携带 G/G 和 T/T 纯合子基因型时，主观幸福感对抑郁负向预测作用显著（$\beta_{simple} = -0.45, SE = 0.09, p < 0.001; \beta_{simple} = -0.39, SE = 0.11, p < 0.001$），而当个体携带 G/T 杂合子基因型时，主观幸福感对抑郁的负向预测显著增强（$\beta_{simple} = -0.75, SE = 0.08, p < 0.001$）。相对于 rs6323 位点纯合子个体，携带 G/T 杂合子基因型的个体，主观幸福感对抑郁的影响更显著。

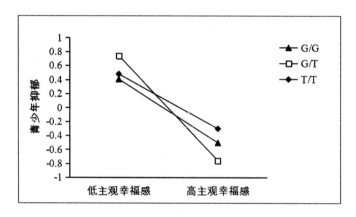

图 6-9　rs6323 多态性对主观幸福感和大学生抑郁之间关系的简单斜率图

可见，儿童期受虐可以正向预测大学生抑郁，也可以通过负向预测主观幸福感间接预测大学生抑郁。MAOA 基因 rs6323 多态性在主观幸福感与大学生抑郁中起调节作用，具体表现为，相比携带 G/G 和 T/T 纯合子基因型的个体，携带 G/T 基因型的个体主观幸福感对抑郁的负向预测更强。

第七章
大学生抑郁的应对策略

大学生抑郁既受到先天遗传因素的作用，同时还受后天家庭、环境等社会心理因素的影响。因此，对大学生抑郁的干预和应对，也应从遗传、家庭、学校与社会等方面来共同进行。

第一节　遗传应对策略

虽然研究指出患有抑郁症母亲的孩子的抑郁倾向除了遗传因素之外还有可能是由于这些孩子接触到母亲的消极情感、行为和认知方式，导致孩子倾向于选择环境中的消极因素来进行认知加工。而一旦形成了负性的偏差认知，孩子患抑郁症的危险性也就增加了。但是，不可否认遗传仍是提供此种选择的生理基础。母亲可能传递给孩子某种困难气质，导致孩子更容易选择某种与基因相应的环境来与之相互作用。那些具有困难气质或者情绪、行为异常的人群更容易表现出多于正常人的冲突和矛盾，所以更容易遭遇生活的压力，导致出现抑郁的概率上升。这些归根结底都和遗传有关。许多实验结论和调查结果都验证了这点，如重度抑郁的遗传解释可高达79%，母亲首次发病的时间越早对孩子的负性影响越大。

还有假设认为：如果母亲在妊娠期抑郁可能导致体内的生化物质失衡，如神经递质、激素分泌等，这些失衡导致了不良的体内环境，致使胎儿发育异常。抑郁母亲的孩子先天神经机能失调影响了情绪调控，从而增加了对抑郁的易感素质。从遗传角度来看，可以尝试用以下方法来应对抑郁：

一、基因疗法

基因疗法（Gene therapy）是按照人们的需要，有选择地从某一生物细胞分离出某一基因（DNA 片段）或人工合成某一基因，然后通过运载体转移到另一种缺失此基因的细胞中，与该细胞的 DNA 结合，进行重组或代替，改变其遗传物质结构，从而达到治疗遗传病的目的。基因治疗的目标有两个：一个是治疗体细胞的基因缺陷。该基因缺陷患者通过治疗，症状得到改善或消失，但这种有害的基因可以继续传给下一代。另一个是生殖细胞中的基因缺陷。这是根治遗传病的方法，使得致病基因不再在人群中散布，使遗传病得到彻底的治疗。虽然基因治疗存在基因有效转录、安全表达等方面的问题，但它仍具有诱人的应用前景。

来自维尔康奈尔医学院的迈克尔·卡普利特带领的研究小组在此领域取得了突破性进展。他们利用基因疗法，将一种名为 P11 的蛋白质基因引入人脑中被称为"伏核"的部位。这是一种全新的治疗理念。实验表明，患有抑郁症的人脑伏隔核部位的 P11 蛋白质含量明显偏低。通过在人脑中引入 P11 蛋白，可在一定程度上有效缓解抑郁。

科学家们在大脑中找到了一个可能导致抑郁的蛋白，他们利用基因疗法对这个新靶点进行了干预，发现小鼠的抑郁症行为得到了改善。该研究将促进抑郁症新治疗方法的开发。研究人员发现一类叫作 HCN 的通道蛋白的减少会抑制小鼠的抑郁症类似行为。如果该结果可以复制到人类，将为几百万个对现有治疗方法无应答的抑郁症患者提供新疗法。该研究结果发表在国际学术期刊"Molecular Psychiatry"上。目前绝大多数抗抑郁症药物都会通过增加单胺类神经递质，如 5-羟色胺、多巴胺和去甲肾上腺素来影响病人心情和情绪，但是事实上这些药物对许多病人并没有效果，这表明还有其他导致抑郁症的机制并没有被发现，而这些未发现机制将有可能为新治疗方法开发提供靶点。

在这项研究中，研究人员将一种能够关闭 HCN 通道的基因添加到工程改造的病毒中，随后通过注射的方法将病毒注射到小鼠的海马神经元。当 HCN 通道的功能被关闭，小鼠的行为就像接受了抗抑郁症药物的治疗一样。而重新增强 HCN 通道蛋白的功能则会抵消病毒的抗抑郁效果。为了衡量小鼠的抑郁症类似行为，科学家们检测了小鼠在完全放弃之前，试图逃脱一个环境所需的时间，这种检测方法常用于制药行业进行抗抑郁小分子的筛选，目前市场上的药物就利用了这种筛选方法。研究人员表示，这项工作发现了一个全新的抑郁症治疗靶点，未来他们打算利用这种基因治疗方法对病人进行治疗。

二、大学生的婚检与优生

为贯彻落实《"健康中国 2030"规划纲要》对学校健康教育提出的工作要求，应加强高校健康教育，提高高校学生健康素养和体质健康水平。同时，教育部于 2017 年印发了《普通高等学校健康教育指导纲要》，新版指导纲要应时代变化，新增了多项内容，其中，近年来备受关注的大学生抑郁症、吸毒、网瘾、滥用药物等问题被写入纲要，而随着大学生婚育政策的放开，优生优育也被写进纲要。

部分大学生已经达到了国家法定的适婚年龄。2005 年 3 月教育部公布新版《普通高校学生管理规定》，取消了大学生结婚需经学校同意的旧规定，这意味着达到法定结婚年龄的大学生便可以结婚了。要预防遗传疾病，婚前指导和优生优育是重要举措。婚前指导通过婚前的家族史的调查和体检，可发现遗传病和遗传缺陷方面的问题。大学生得到婚前指导，能够知道哪些可能不宜结婚，哪些可能不宜生育，哪些虽可结婚但必须注意某些问题。婚姻指导是防止遗传病延续的第一次优生监督。

婚前检查，指的是结婚前对男女双方进行常规体格检查和生殖器检查，以便发现疾病，保证婚后的婚姻幸福。婚前检查对于男女双方都有着重大意义。《中华人民共和国母婴保健法》第八条规定，婚前医学检查包括以下疾病的检查：（1）严重遗传性疾病；（2）指定传染病；（3）有关精神疾病。第九条规定，经婚前医学检查，对患指定传染病在传染期内或者有关精神病在发病期内的，医师应当提出医学意见；准备结婚的男女双方应当暂缓结婚。第十条规定，经婚前医学检查，对诊断患有医学上认为不宜生育的严重的遗传性疾病的，医生应当向男女双方说明情况，提出医学意见；经男女双方同意，采取长效避孕措施或施行结扎手术后不生育的，可以结婚。第三十八条规定，有关精神病，是指精神分裂症、躁狂抑郁型精神病以及其他重型精神病。可见，抑郁也为婚前检查的病种之一。

当前，我国《中华人民共和国民法典》规定，婚前检查本着自愿的原则，不得强行要求婚检。大学生秉着对自己、对家人和今后家庭生活的负责，应该主动进行婚前检查。

三、产前抑郁的诊断与干预

虽然并不主张达到适婚年龄的女大学生生养孩子，但了解产前抑郁的相关知识还是有必要的。产前抑郁是近年来现代女性常见的孕期心理疾病，尤其是初产女性的产前抑郁发生率更高，这主要是由于初产女性缺乏直接的生产体验，过于担心母体和胎儿（新生儿）的健康，从而产生恐惧、抑郁等不良情绪。产前抑郁是一种单极的、非精神病性的抑郁发作，怀孕后开始或可延展到整个孕期，主要表现为情绪低落、思维迟缓和运动抑制，与其年龄、受教育程度等诸多因素相关。产前抑郁可导致产妇在孕期出现食欲不振、精神焦虑、睡眠障碍及中枢神经系统功能紊乱等表现，从而增加产后妊娠并发症发生率，严重影响母婴健康。抑郁是围产期妇女常见的并发症之一，相关流行性研究显示，妊娠期抑郁症的发生率为 18.4%。研究发现，产前抑郁不仅对母亲的心理生理健康造成危害，还会对新生儿的健康教育造成负面影响，临床给予产前抑郁初产女性有效的心理护理措施对提高妊娠分娩质量和保障母婴健康有重要的意义。

（一）心理干预护理

与孕妇及其家属积极交流，了解其家庭背景、性格特点、社会关系等基本资料，评估其心理状态，结合基本情况给予针对性心理疏导方案，以减轻其心理负担，同时积极开展补偿护理与教育。

（1）胆怯心理。孕妇听说自然分娩会有剧烈的疼痛，听过关于产妇和新生儿在生产时有过死亡的报道，故产生胆怯心理，害怕生产时出现产后大出血，怕有其他症状的产生而影响自己和胎儿的健康。对疼痛的恐惧，特别是初产女性，此心理尤为严重。我们针对具有此种心理特征的孕妇，首先告知孕妇现代医学的发展水平，开设讲座和分发分娩知识手册等，让她们知道分娩是一个正常的生理过程，医院会针对不同的情况有不同的处理，消除其对分娩的恐惧感；其次，向孕妇认真讲解第一、二、三产程的过程以及如何配合医护人员；再者要给予她们心理上的鼓励，激发她们的自信心，赞美她们优点，相信自己生产没问题，从而抵消胆怯心理。

（2）焦虑心理。个别孕产妇在怀孕早期因感冒口服过药物，或妊娠呕吐特别严重，故担心胎儿是否正常，是否产下畸形儿，从而产生焦虑心理。首先应告知她们医院有先进的仪器和设备，有精湛的医疗技术，会根据不同阶段进行产前检查，详细解答其医学知识，讲解有大量的孕妇和她们一样，孩子生下来同样非常健康，从而帮助她们消除焦虑心理。

（3）烦恼心理。年轻夫妇结婚后本来不想要孩子，结果怀孕了，想做流产长辈又不同意，长辈又非常关心孩子的性别，故孕妇非常烦恼，思想负担重。应详细讲解妊娠分娩是自然的生理现象，消除其烦恼。对于胎儿的性别，做家属的思想工作，说服胎儿性别不是孕妇通过主观努力可以决定的，使亲属改变态度。劝导孕妇及其家属树立正确的生育观，树立男女平等的思想，纠正传统的养儿防老，传宗接代思想。多聊聊女孩子对父母的孝顺、乖巧、伶俐等好处，同时向她们宣传国家对女童、女性各方面的优惠政策，让她们坦然面对婴儿性别，不要影响孕妇生产情绪，真正地关心孕妇，使孕妇精神愉快，缓解孕妇的心理压力，保证胎儿的健康发育。

（4）绝望心理。个别年轻孕妇婚后 3 年之内不想要孩子，想成就一番事业，结果意外怀孕，加之妊娠反应严重，便非常绝望，并且认为有孩子后就干不好工作，甚至无法工作。针对此种心理，应给孕妇讲解如何处理家庭、孩子与工作的关系，同时教育她们的父母，如何与孕妇沟通，分娩后对她工作给予支持，帮助孕妇了解一些妊娠中的反应，教孕妇一些做母亲的知识，指导孕妇如何对待妊娠中出现的问题，使孕妇感受到关怀从而消除绝望心理。

（二）行为干预护理

通过发放孕期指导手册及开展社交活动等方式，向孕妇详细讲解围生期保健知识，告知其分娩期间的注意配合事项，以提高其对健康知识的掌握水平，帮助其建立自我强化方式，从而适应角色。当前，行为激活（behavioral activation，BA）干预措施经常用于治疗抑郁。

1. 行为激活的提出与理论基础

（1）行为激活理论的提出

行为激活源于抑郁的行为模型，它将抑郁症状归因为缺少正向强化（positive reinforcement）导致的。抑郁症患者常表现为精力下降、易疲劳、社交退缩、活动度低下等，这些病理性行为导致患者难以获得积极情绪体验，继而进一步加重症状，形成恶性循环。行为激活需要根据个体具体情况定制针对性的治疗计划。行为激活（BA）是一种结构化、短程的心理疗法，旨在：①增加适应性活动（与提高愉悦或个体掌控水平相关的活动）的参与度。②降低维持抑郁症状或增加患抑郁风险活动的参与度（正常社会活动除外）。③解决限制获得奖励机会、消除"负性刺激"（Dimidjian, et al., 2011）。作为抑郁的治疗手段，行为激活的主要观点是"鼓励有抑郁症状的个体学习如何应对负性情绪"以及"通过短期、中期以及长远个人目标的重建，增加积极的自我意识"（Chan, et al., 2017）。换句话说，抑郁症患者的活动水平低下，意志力缺乏导致的社交回避会造成症状的持续恶化，行为激活是一种强调识别患者日常维持抑郁症状的行为模式并改变的治疗干预手段。行为激活帮助患者制订更多活动计划（通常是来访者钟爱的活动），发展社交技巧或帮助个体追踪自己的情绪以及活动的变化。行为激活是一种高度个人化的抑郁干预手段，通过改变抑郁症状中的某些行为以达到改善症状的目的。

（2）行为激活疗法的理论基础

20世纪70年代Ferster在斯金纳的行为主义理论基础上提出了抑郁症的行为治疗理论，认为抑郁症行为是对偶然事件的回避反应。Ferster（1978）的理论强调行为的功能分析在理解和治疗抑郁症方面的重要性。之后，Lewinsohn（1985）进一步发展了该理论，认为随因反应积极强化的频率降低导致了抑郁症，在此基础上早期抑郁症的行为治疗侧重于增加患者生活中的"愉悦事件"。行为激活作为第3代行为治疗，Martell等（1998）在上述病理学模型中加入对消极强化作用的关注，并且把抑郁症看成一个恶性循环过程。Martell等（1998）认为不够足量的环境正强化或过量的环境惩罚直接导致了抑郁情绪的产生，环境因素和情绪的改变抑制了个体的健康行为，同时产生抑郁症行为和回避退缩行为，这些行为的改变反之又成为强化因素而加重抑郁情绪，因此形成恶性循环，导致抑郁症的发生和进展。例如，一名孕妇失去了工作（健康行为的正强化减少），因此感到情绪低落，失去工作这一事件及其产生的抑郁情绪使他减少与外界的接触（健康行为正强化进一步减少，回避退缩行为的消极强化增加），进一步加重抑郁情绪（强化作用导致情绪的改变）。在此病理学模型基础上，行为激活从抑郁症患者的行为入手，通过行为激活技术为患者安排愉悦感和掌控感高的活动，同时避免回避退缩行为，即增加健康行为的积极强化作用的同时减少抑郁症行为的消极强化作用，以此影响患者情绪，反之，情绪的好转和积极强化作用又推动患者行为的进一步纠正，从而打破抑郁症的恶性循环。同时，相比于早先的行为治疗，行为激活强调活动的安排应基于对来访者个人的功能评估和具体的生活目标，而不是仅仅为来访者安排令人愉快的活动。行为激活的目的是使来访者明确哪些是回避行为，同时选择积极应对问题的行为方式。

2. 行为激活疗法的应用

行为激活疗法的实施以"减少抑郁症患者的惯性、回避行为、日常生活的破坏和消极的沉思默想"为目标对来访者进行干预。治疗技术一般包括活动监测、评估生活的目标和价值观、活动安排、技能培训、放松训练、应急管理、针对言语行为的干预、针对回避行为的干预。

3. 行为激活疗法的操作过程

最初的行为激活疗法由 20 个课程组成，之后，Lejuez 等在此基础上将其简化为 12 个课程，治疗过程更加紧凑，并且直接关系到行为的激活，更加关注活动的监测以及更加具体的以价值为导向的结构框架。Lejuez 等将其称为抑郁症的简要行为激活疗法，关于这两种课程的效果并没有明确的比较，人们推测行为激活疗法是一种直接简单的治疗方法，而 20 个课程组成的行为激活疗法更适合治疗复杂的抑郁症。2011 年，Lejue 等发表了行为激活疗法的修订版本（行为激活疗法-R），包含了 10 个课程，旨在更加强调治疗原理与治疗联盟，更明确地指向生活领域、价值观以及活动方面，并且简化治疗形式，增强了过程中对细节的关注，包括障碍排除和日常生活监测（以及活动计划）的有效性。甚至有研究表明在一些案例中，6～8 个课程之后，患者的抑郁症状得到了明显改善。本研究对已有文献中行为激活的治疗过程进行了分析，将治疗方法简单归纳总结如下：

（1）准备工作。前 1～2 次的会谈中，治疗师须向患者介绍抑郁症的基本知识以及行为激活疗法的理论基础，即行为与心境之间的关系以及环境与心境的关系，使患者了解他/她可以作出哪些有意义的改变来改善心境。

（2）评估技术。通常使用贝克抑郁问卷（Beck Depression Inventory-Ⅱ，BDI-Ⅱ）以及汉密尔顿抑郁量表（Hamilton Depression Scale, HAMD）对患者病情级别和程度进行评估。治疗前期、中期、结束时的评估有助于治疗师了解患者整体病情变化和治疗效果，而每次会谈前的评估可以帮助治疗师掌握患者每周的情绪状态并针对量表中的一项内容对患者的活动安排表或某一行为作出调整。

（3）记录活动日志。患者记录活动日志并在完成活动之后对自己的快乐感和掌控感进行评级。治疗师以此了解患者的兴趣，便于安排活动和布置家庭作业。

（4）活动的安排。治疗师根据患者所记录的活动日志与患者一起制定活动安排，活动的安排要以患者的兴趣、价值观及生活目标为导向，需要考虑到患者的年龄、职业、文化水平、生活环境等因素，做到因人而异。

（5）布置家庭作业。每次会谈结束时布置家庭作业，在患者可承受的范围内，家庭作业的难度逐步增加，必要时治疗师帮助患者把一个任务分成可行的若干部分。治疗师需及时询问患者家庭作业的完成情况，患者如果顺利完成，需鼓励患者奖励自己，以此增加其愉悦感和掌控感，如果未完成，则需在活动的安排上做出调整。

（6）行为监测。治疗师查看活动日志或通过患者的口头报告了解患者上一时期有哪些抑郁症行为和健康有效行为，以及这些行为产生的原因和影响。

（7）时间安排。患者一般需要每周一次共 8～10 次治疗，每次治疗时间不超过 50 min。整个疗程结束或出院后进行 3 个月或更长时间的跟踪观察。

治疗过程中治疗师需帮助患者把注意力集中在行为的作用上，即自己的行为是有效的行为还是破坏性的行为，以此来使患者在特定情况下采取积极有效的行为，而不是消极的行为。为了使患者顺利完成所安排的活动，治疗师与患者可以预测在完成某项具体活动时可能会遇到的困难，并对布置的家庭作业或活动进行心理演练，预先帮助患者分析不同行为可能带来的结果，让患者思考自己行为的影响以便做出更好的决策，通过细查在不同情况下的可选行为，引出积极的应对方式，同时需要帮助患者处理家庭作业完成中的障碍。治疗师在整个治疗过程中都需要把患者的注意力从难题或者不愉快的体验中转移到别的更加有效和健康的事物上。同时常常需要教给患者一些可以改善抑郁症状的技能（通常是些基本交流技能）。

此外，行为激活疗法也可以团体治疗的形式进行，6～10 个患者为一组。治疗中患者可以彼此合作进行角色扮演，在安全可控的环境中对某项具体的行为进行演练。

4. 治疗效果与评价

众多研究结果显示行为激活疗法对抑郁症的治疗有着显著的效果。Cullen 等（1999）将符合《精神障碍诊断与统计手册》（*Diagnostic and Statistical Manual of Mental Disorders* Ⅳ，DSM-Ⅳ）诊断标准的 25 名抑郁症患者随机分为行为激活干预组和等待对照组，分别在治疗前、治疗结束及治疗结束 3 个月后使用定式临床会谈量表（Structured Clinical Interview，SCID-NP），对 BDI-Ⅱ及 HAMD 进行评估，结果显示参与行为激活治疗患者的 BDI-Ⅱ和 HAMD 分值改变有统计学意义，行为激活干预组患者评估量表分值明显优于等待对照组。之后，Dbson 等（2001）进行了行为激活和认知疗法、抗抑郁症药物的对比研究。该研究把符合 DSM-Ⅳ诊断标准同时满足 BDI-Ⅱ分≥20 分且 HAMD 分≥4 分的 188 名抑郁症患者分为药物治疗组、认知疗法干预组和行为激活干预组进行对照比较，从患者抑郁症状的改善情况、疾病康复情况、复发概率及经济消耗方面进行多方面对比，发现行为激活治疗抑郁症几乎有着和认知疗法一样持久的作用，且对于严重抑郁症患者的急性期治疗效果优于认知疗法，并且比药物治疗更经济长效。我国也有报道显示，行为激活疗法联合药物治疗效果优于单独药物治疗的对照组，行为激活技术治疗有较好的远期疗效和预防复发的作用。一定程度上显示了该疗法在我国开展的可能性。

近年来，行为激活的功效和其便于操作的特点在社区卫生保健中心、戒毒中心、住院患者门诊患者、大学生心理咨询、团体心理治疗方面都得到了证实。此外，一些研究证明对单纯认知疗法或者认知行为疗法不敏感的患者，特别是长期抑郁症患者，行为激活疗法展现出其特有的作用，并且对于抑郁症伴发肥胖、伴发癌症，行为激活疗法也被证明是有效的。对于长期用药的抑郁症患者，行为激活疗法可以在一定程度上提高患者社会交往和工作能力，使患者早日回归社会。在创伤后应激障碍的治疗中，行为激活疗法也被证实是可行且有效的。

从经济适用角度讲，与个案治疗法相比，行为激活团体治疗可以使治疗师在单位时间内提供更多的服务，同时也为患者大大减轻了医疗费用。并且，对于之前没有太多治疗经验的普通心理健康工作者，接受简短的培训之后，就可掌握行为激活疗法并用于治疗长期抑郁症患者。在缺少心理治疗设施或此类设施服务不便的地方，使用此治疗方法可以照顾到更多的患者。

5. 行为激活疗法的发展趋势

随着行为激活疗法实证研究的不断丰富，其效果已被人们肯定，该疗法简单易于掌握且适用对象较广。这些特点为该疗法在我国的推广和发展提供了有力支持。相比于其优点，一些问题也值得探讨：①对于行为激活的改变机制我们仍然知之甚少，多数研究基于对早期行为治疗原理的理解，而行为激活疗法中的哪一要素真正促进患者抑郁症状的改变还有待我们研究。②行为激活治疗技术缺少较标准的治疗手册，活动的安排上存在诸多问题，如什么样的活动可以归结为愉悦感和控制感高的活动，是否需要加入现有的或者专门针对行为激活疗法的心理学量表，患者价值观和生活目标的不明确，以及完成家庭作业的依从性问题等，都有待治疗师及研究者来逐步解决。③目前行为激活疗法的研究多为小样本实验，该疗法治疗心身疾病、精神疾病、其他心理问题、疾病预防等方面的报道较为缺乏。未来可酌情考虑大样本实验并增加对行为激活应用范围的研究。随着第 3 代认知行为疗法的兴起，行为激活疗法可与这些疗法相结合。④我国行为激活疗法的研究还未大量开展，可在国外研究基础上开发出适合我国国情和文化的治疗手册和评估量表，同时增加实证研究，推动行为激活疗法在我国的应用和发展。

（三）家庭支持

心理学家根据大量的临床研究认为，在怀孕后，女性体内的多种激素水平会发生巨大的波动，荷尔蒙的改变会导致准妈妈情绪的起伏，进而影响大脑中调节情绪的神经传递素的活动，从而引发产前抑郁症。然而，近年来越来越多的事实证明，家庭和社会的人际关系对准妈妈的抑郁情绪影响似乎更大。

家庭支持对于控制产前抑郁的发生有着重要作用。简单来说，来自家庭的支持越多，则发生产前抑郁的概率就越小。在家庭支持中，最重要的是伴侣、孕期和产后的早期照顾者的支持度以及与母亲的关系。有调查表明，对婚姻满意度低、缺乏丈夫支持的孕妇极易发展为产前抑郁。

对于产前抑郁的孕妇来说，丈夫的关心作用最大，在孕前、产后都要密切关注妻子的心理变化，多给予妻子理解和关心，使之保持愉快心情。妻子怀孕后，丈夫应留意妻子的身心变化，陪同妻子到医院检查，建立和睦的夫妻关系有利于孕妇心理的健康发展，避免产前抑郁症的发生。对孕妇的家属特别是丈夫进行统一培训，告知其产前抑郁的不良后果，取得其信任和配合，从而在心理、生活等各方面为孕妇提供更多的关心和鼓励，让其感受到家庭的温馨，以减轻后顾之忧。

对于丈夫来说，可以从以下几方面来帮助孕妇走出抑郁：

（1）理解她的感受，承认她的痛苦。对患者而言，痛苦是真实存在的，而且时时让其有生不如死的可怕感觉。俗话说，理解万岁。产前抑郁孕妇常常觉得丈夫的细心与理解不够，可能在别人或丈夫眼中是一件微不足道的小事情，由于其抑郁情绪的特点（情绪扩大化），在她看来是一件很重大的事情，这时候就需要丈夫充分理解她的感受，承认她的痛苦。

（2）不要试图改变对方，允许她表露出痛苦、悲伤、愤怒等情绪。不要说凡事想开一点吧，保持乐观态度之类的话，这话好比某人感冒了，你却跟她说别流鼻涕了。流鼻涕不是她能自主决定的，所有的抑郁情绪也是她不能自主的。一味要求患者振作，患者根本做不到，相反只会使患者更加沮丧和绝望。她们更需要身边的人来认识到她们的困境，关注她们内心的苦痛。

（3）少指责，多陪伴。要知道，抑郁症患者本来已经觉得自己非常糟糕，每一句不够"中听"的话语都可能在其心中掀起大浪，甚至将其推向绝望的深渊。要让她感知到，生病不是她的错，不管发生任何事，你愿意陪她一起去面对。给予她更多的关爱和保护，让她知道你对她的在乎，给她一个坚实的臂膀，可以让她有所依托，这样孕妈们会感到深沉的爱与安全感。

（4）鼓励她及时就诊，求助专业心理咨询师，必要时遵从医嘱吃药。重度抑郁的产妇往往沉浸在重度的情绪障碍中难以自拔，与她讲道理她认同，但就是做不到。意志行为衰退的她精力、体力和执行力高度下降，这时需要专业医生的专业治疗。通过专业人士的陪伴和疏导，遵从医嘱吃药，让产前抑郁症患者能被理解、被关注、被关怀和被治疗，感受到全新的体验和看到另一个不同的世界，渐渐走出她眼中的黑暗世界。

第二节　家庭应对策略

一、家庭应对的必要性和重要意义

对于重度抑郁的大学生来说，往往会要求其去专业医院治疗，家庭主要监护人陪护照顾。家庭支持是抑郁大学生康复的重要因素。

相关研究表明，大学生抑郁症患者家庭环境的亲密度、知识性、娱乐性得分显著低于正常对照组，而矛盾性得分显著高于正常对照组，应对方式的自责因子得分显著高于正常对照组，而求助因子得分显著低于正常对照组。家庭环境的亲密度、情感表达、矛盾性、娱乐性等与应对方式的多个因子有明显的相关性。抑郁症患者的家庭环境与患者的绝望感、主观支持、总社会支持及消极应对方式有关。营造良好的家庭环境氛围，提升家庭支持质量成为抑郁大学生顺利走出抑郁的重要条件。

抑郁就像放大镜，凸显了家庭成员间的问题，使其看来更加严重，反过来这些问题又加重了抑郁本身。只要观察过抑郁症患者同家庭成员间的冲突，任何人都会了解抑郁同家庭生活之间存在复杂而强有力的关系。尽管生物和基因在抑郁症的发生和发展中扮演显著的角色，各种心理社会问题仍然重要，特别是家庭因素。家庭能够影响抑郁症的发病和病程，家庭成员对待抑郁症患者的方式不但影响每个成员的生活，也影响作为一个整体的家庭的存在。

家庭成员对抑郁症患者大学生的应对方式会随时间而变化。起初，家属会试图容忍和适应：家庭生活变得以患者为中心，大家努力从情绪上和需要上给予患者帮助，尽量避免给患者批评和压力。家人试图摆事实讲道理，向患者说明生活不像患者感觉的那样糟糕。比如：一位大学生无休止地抱怨抑郁、孤独以及学习生活压力太大，家人为了回应，列出了所有关心她的人以及所有的喜好。正如患者们经常报告的，这种办法并无帮助。在严重的抑郁情绪下，这种理性的保证只能使患者更觉得被疏远，并相信家庭成员并不理解他们，不想听他们的抱怨，或是不把他们的痛苦当回事。所有其他家庭成员长期要照顾抑郁患者的情绪和思维认知，承担很多额外的家务和工作，而且得不到感谢。长此以往，家属能给予的支持和保证将会越来越少，越来越不真诚，因为每个人都有自己的需求。家庭成员会逐渐感觉负担过重，精疲力竭，他们会感到气愤，因为他们的努力看起来没什么效果。事实上，家人经常会发现：他们帮助患者改善情绪的努力不但无效，还往往使问题变得更严重。

抑郁症康复治疗过程中，环境尤为重要。由于抑郁症患者不擅长人际交往，所以一般来说得不到一个适合抑郁症尽快治愈的外界环境。但是家庭成员和他的关系最为密切。在这样的条件下，虽然患者孤立于社会的环境，但是完全可以建立一个新型的、以家庭成员为主体的小环境，这一点对于患者来说是非常重要的。

二、家庭应对措施

（一）合理的教养方式

1. 家庭教养方式对抑郁的影响

家庭教养方式是指父母对子女抚养教育过程中所表现出来的相对稳定的行为方式，是父母各种教养行为的特征概括。家庭教养方式也叫父母教养方式，与个体的情绪及各方面的发展都存在不同的相关（Parke，1998），例如持权威型教养方式的家长对子女表现出更多的热情、爱心和耐心，此种教养方式下的个体在面临挑战时信心十足，更有能力控制好自己的情绪和行为；在专制型教养方式下成长的儿童会容易出现逃避、焦虑、自卑和抑郁的特征，面对问题时不能很好地控制自己的情绪，其心理调适能力也较弱。

国外已经有许多研究者对家庭教养方式和抑郁之间的关系进行了相关的研究，他们发现，家庭教养方式是形成抑郁的重要潜在因素之一，不恰当的家庭教养方式会提高子女在成长过程中患抑郁症的风险。Hanne 等（2011）调查了 504 名被试的家庭教养方式发现，抑郁患者通常与消极的家庭教养方式有关；Emily 等（2011）探讨了青少年抑郁症状水平和父母教养方式之间的关系，结果表明，低水平抑郁症状的青少年，其父母对他们更多的是接受和理解，而那些父母施加严格控制的青少年的抑郁情绪水平则相对较高；Jennifer 等（2009）将 44 名具有抑郁症状的青少年和 44 名正常青少年进行比较研究得出，正常青少年的家庭教养方式比抑郁青少年的家庭教养方式更恰当合理。考虑到中西方文化差异，我国的许多研究者也越来越关注家庭教养方式对子女抑郁症状的影响。李丽等（2013）测量了 14~22 岁中晚期青少年抑郁症状和其父母的教养方式，结果发现，具有抑郁症状青少年的家庭教养方式都非常类似，他们的父母大多都使用了过度干涉、拒绝否认、严厉惩罚等不良的教养方式；在伏炜等（2007）的研究中，他们选取了 73 名抑郁症患者作为病例组，并选取了相应的 81 名正常人作为对照组，测量他们的家庭教养方式和抑郁水平，结果表明，抑郁患者的家庭教养方式在子女成长早期就埋下了抑郁发病的种子；陶庆兰等（2007）采用父母教养方式量表和青少年生活事件量表，对 30 名健康大学生和 30 名抑郁大学生进行调查研究，结果表明，抑郁大学生的患病原因有一部分来自他们不良的家庭教养方式；张静（2015）以 664 名大一至大三的学生为样本进行测量分析，结果表明，父母对大学生情感温暖、理解等良好的教养方式与抑郁呈显著负相关，惩罚严厉、过分干涉、拒绝否认等不良的教养方式与抑郁呈显著正相关。

2. 合理的家庭教养方式

研究表明，大学生的抑郁情绪与父亲情感温暖、理解的教养方式呈显著负相关，与父亲惩罚严厉、过分干涉、拒绝否认和过度保护这四种不良的教养方式呈显著正相关；抑郁情绪与认知重评策略呈显著负相关；大学生的抑郁情绪与母亲情感温暖、理解的教养方式呈显著负相关，与母亲过分干涉和过度保护、母亲拒绝否认、母亲惩罚严厉这三种不良的教养方式呈显著正相关；抑郁情绪与认知重评策略呈显著负相关。因此建立合理的家庭教养方式，是有效预防和消除大学生抑郁的重要途径。合理的家庭教养方式有以下特点：

（1）温暖、理解的教养方式

温暖是一个汉语词汇，意思是天气温暖，使感到温暖、温存。理解是指从道理上了解，说理分析。父母对孩子温暖、理解是一种善解人意的教养方式，是一种尊重的教养方式，是一种民主式的教养方式，是一种积极的、科学的教养方式。它具有下列特点：

温暖、理解和民主式的教养方式第一个特点是晓之以理。父母对子女不是压服而是说服，是摆事实讲道理来让孩子懂得做人的道理，不是强迫命令；是通过说理让孩子自觉自愿地去做，通过讲道理让孩子把父母的看法和想法变成自己的看法和想法。对孩子的缺点不夸张，不是道听途说而是用事实来批评孩子，有一说一，不是像有的家长把孩子说得一无是处，如"你从来就不好好学习""你整天就知道看电视"等。其实这些都不符合实际情况。孩子是有时候好好学习，有时候看看电视，你说他从来不好好学习，整天看电视，他能服气吗？因为不符合事实，孩子心里自然有看法。晓之以理就能使孩子接受父母的指点，改正自己的不足、缺点。温暖、理解和民主式的教养方式运用晓之以理的原则，去教育孩子，向他们讲道理，讲得合情合理，使孩子心悦诚服地接受。这类家长教育孩子不是一味地口头说教，也不是一般公式化地对孩子讲要好好学习，要听老师的话，而是根据孩子学习与生活中存在的具体问题去讲道理，去指引孩子前进。他们在教育孩子过程中绝不以势压人，允许孩子有个认识过程，绝不操之过急，强行让孩子接受。即使孩子缺点改正后再犯，也是讲道理，加深孩子的认识，绝不简单斥责："怎么又犯了？"

温暖、理解和民主式的教养方式的第二个特点是动之以情。父母与子女的血缘关系决定了父母与子女的亲情，父母对子女的感情是最真挚、最无私的。采用温暖、理解和民主式的教养方式的父母，他们跟孩子之间建立了亲切温暖的感情关系。父母的话、父母的言行对子女充满了爱、充满了关心。孩子看一眼父母的眼神就能感受到父母的温暖，感情上亲昵，有温暖感、亲切感、安全感。在温暖、理解和民主式的方式下教养的孩子，不是畏惧父母，而是亲近父母，与父母无话不说。父母的话他们听得进，父母的话很容易引起他们感情上的共鸣，激发他们的感情。这样动之以情、晓之以理就能达到情理相容。达理必先通情，通情才能达理，动之以情、晓之以理结合起来会收到明显的家教效果。

温暖、理解和民主式的教养方式的第三个特点是尊重孩子的人格。我们不少家长有这样的传统观念：孩子是我的，我自己管；孩子是我的，他应该听我的话；孩子是我的，就应该按照我的意见办。这实际上是一种不平等的不尊重孩子人格的人际关系。在这种家教观念的作用下，父母对子女说话的口气往往是命令式的，缺乏民主。温暖、理解和民主式的教养方式使父母与子女在人格上是平等的，孩子在家里有平等的发言权，也有给父母提意见的权利。由于家长尊重了孩子的人格，从而提高了孩子的自尊心，提高了孩子的成就感。

温暖、理解和民主式的教养方式第四个特点就是家庭民主。由于尊重孩子人格，人人平等，家庭充满了民主的气氛，大家是友好协商而不是父母独断独行，专横跋扈。

温暖、理解和民主式的教养方式的第五个特点是父母主动引导孩子。温暖、理解和民主式的教养方式不是父母让孩子放任自流，孩子想干什么就干什么，想怎么做就怎么做，而是根据孩子的心理特点和生理特点，根据孩子的生活、行为的实际情况提出适当的要求，循循善诱，以理服人，关心孩子，支持孩子，引导孩子。

温暖、理解和民主式的教养方式给孩子带来什么呢？第一，充分发挥了孩子的智力因素。温暖、理解和民主式的教养方式使孩子在家庭中生活自由，他们的智力活动不受限制。家庭环境给他们充分发挥社会活动能力与智力活动能力的广泛空间。温暖、理解和民主式的教养方式使孩子的思维能力强、思维灵活性强、思维独立性强、思维批判性强。这都是智力结构中的最核心的部分，因此会促进孩子智力发展。而智力又与孩子的学习成绩有一定的关系，为孩子提高学习成绩提供了良好的条件。第二，温暖、理解和民主式的教养方式促进孩子创新心理素质的发展。温暖、理解和民主式的家庭教育的方式促进孩子好奇心、求知欲、自信心的发展。孩子在宽松的家庭气氛中，发展自己的创新人格、创新意识、创新能力。好奇心、求知欲正是孩子创新人格、创新心理素质的宝贵部分。而温暖、理解和民主式教养方式的家庭，有充分的民主气氛。父母对孩子提出的好奇问题都给予合理的解释，并正确地引导、培养孩子的好奇心和科学精神。培养孩子应该从个人的家庭背景条件出发。孩子的个性是在生活实践中发展起来的，家庭生活环境是孩子早期主要的生活空间。家庭气氛如何以及父母对孩子的教育方式如何，对孩子个性的发展起着非常重要的作用。父母对孩子动之以情、晓之以理，以民主、尊重的态度对待孩子，积极引导孩子，为孩子发展成为心胸开阔、情绪稳定的人创造了条件。温暖、理解和民主式的家庭培养出的孩子常常表现出与人和睦相处，尊重别人，勇于追求真理、敢于修正错误的品质。第三，为孩子充分发挥兴趣特长提供了好的条件。温暖、理解和民主式的家庭使孩子在家庭中自由生活，不受限制。他们的兴趣爱好得到了真正的尊重。这种环境会促进孩子兴趣的发展。孩子的特长不是父母强加的，而是孩子认为有兴趣干出来学出来的，因而孩子的特长也会得到尊重与发展。

（2）不严厉惩罚、不拒绝否认的教养方式

已有研究表明，严厉惩罚、拒绝否认的教养方式不利于孩子的健康成长，是大学生抑郁的危险因素。

严厉惩罚、拒绝否认的教养方式，既可使孩子形成懦弱、依赖性强、独立性差的个性，也可使孩子形成粗暴、野蛮的个性。很多家长认为棍棒底下出孝子，事实上，家长对孩子越是严厉惩罚、拒绝否认越不利于孩子自信心和自尊心的建立。长期得不到父母认可的孩子会认为自己一无是处，自信心降低、价值感低，压抑自己的情绪，从而产生自卑甚至抑郁心理。

（3）不过度保护、不过分干涉的教养方式

过度保护和过分干涉是一种教育思想的两种表现，出发点都是要保护孩子，父母想包办代替孩子的一切，结果却培养出了缺乏独立性、自立性和不能保护自己的人。

父母对孩子适当的保护是完全应该、完全必要的。在小学阶段，孩子的独立能力较薄弱，需要父母的关照。在中学阶段，虽然孩子的独立性逐渐得到发展，但他们毕竟是处于从儿童向成人过渡的时期，在某些方面还是需要父母加以关照的。我们不否认父母应当对子女的适当关照、适当保护。现在的问题是有些父母对子女太过度保护了。事情都是有限度的，超越了限度就使事情的本质发生了转变，效果往往适得其反。

父母教养子女时过度保护，父母对孩子能做的事情，不让孩子做，自己来做，就是包办代替。父母给孩子叠被子、洗袜子、削水果、做作业、帮助检查作业、帮助整理书包等，后果怎样呢？由于父母的过度保护，孩子思维能力的发挥受到限制，孩子的独立思考能力受到限制，孩子的自学能力受到限制，孩子的学习能力发展受到限制。父母本来希望帮助孩子做作业，帮助孩子解决问题，使孩子学习成绩好。但结果那只是愿望，实际上孩子由于思维能力、自学能力、学习能力受到限制，智力因素在学习中得不到充分的发挥，降低了学习质量，影响了考试成绩。一位学生考试后感慨地说："平时我有不会的题，我就叫我妈帮我解决，我倒省事了。可是这次中考，我遇到不会的题，也没法叫我妈了，只能硬着头皮做，但是却做不出来。"过度保护式的教育方式不仅对孩子的智力发展、学习成绩的提高不利，而且对孩子的个性发展、心理健康也不利。父母事事包办代替，帮助孩子解决问题，使孩子产生依赖心理，事事依靠父母，处处依靠父母。由于过度保护使孩子的动手能力变差，现在不会叠被子的中小学生绝不是少数，甚至很多大学生还不会叠被子，很多大学生到了大学之后也不会洗衣服，不知道与人如何相处，从而出现种种适应不良的情况甚至出现心理障碍。

每个家长都要学会"放权"，因为孩子在渐渐长大，会有自己的生活，自己的圈子，太多的干涉只会让他感到压抑和反感。每个被父母过分干涉生活的儿女都不会快乐，好的教育是要随着孩子的成长，逐渐有界限感，这种界限感并不是指感情上的疏离，而是指生活上的尊重。因为每一个孩子都会成长为一个独立的人，我们不能始终都想把他绑在我们的意识上，也不能将自己的意识绑在他的生活中。

有一位外婆就是这样，她每天带外孙去公园里玩，无论孩子想玩沙子还是什么其他的运动设施，她都会站在旁边大声地发表着自己内心的不满，"沙子太脏了，不能玩儿！""那个太危险了，快下来！""别跑了，小心摔倒！""看看你的鞋，我跟你说什么了，又弄脏了！"这样一天玩儿下来，最累的大概不是孩子，而是这位外婆，因为她不仅要追不受控制的外孙，还要不停地发表着自己的观点，她始终希望一切都在自己掌控之中。这位外婆和别的家长聊天，说自己的外孙很没良心，自己每天带着他非常的辛苦，可是，每次他从自己家来外婆家的时候都非常不情愿，而从外婆家回自己家的时候欢天喜地像过年了一样。这位外婆失望的不仅仅是对孩子，也是对自己，她始终不明白为什么自己如此强大的控制欲之下，还是有些不受自己控制的事情发生。这就是对小孩子过分干涉所造成的结果。

更有甚者，孩子上哪个学校哪个班，在教室坐什么位置，参加什么样的兴趣和爱好班，与什么样的人交朋友，上什么大学，大学学什么专业，找什么样的对象等都要干涉，过分干涉的父母都会把这些选择权牢牢控制在自己手中。孩子在自己身心发展过程中完全丧失了自己的主动性和选择性，丧失价值观和自尊心，导致自卑感和抑郁情绪。

父母教养子女的方式是在父母教养子女的过程中形成的。父母教养子女的方式不是天生就有的，也不是天上掉下来的，而是在后天教养子女的过程中逐步形成的。因此父母的教养方式是完全可变的。不良的父母教养方式持续时间越长，对子女的成长越不利。

（二）有效的家庭护理

仅仅依靠药物与专业的医护人员是不能够从根本上治疗抑郁症的，为了让抑郁大学生过上正常的生活，家人需要随时有效地护理，对于需要陪伴的抑郁症患者来说家人的护理效果更好。

1. 提升对抑郁病人的认识

要认识到抑郁症的病人是真正的病人，当他发病的时候是非常痛苦的，痛苦到他会感觉生不如死，随着病情的加重，病人不但会有自杀的倾向还会有行动。护理的人要真正认识到抑郁症病人是真的病人，不能够因为不是躯体上的病而粗心地对待病人。病人发病时表情非常愁苦，作为观察者，你可以想象一下自己是在什么情况下才会出现如此的表情，这样你才能体会到抑郁症病人的痛苦。精神上的疾病与躯体上的疾病都是疾病，精神疾病甚至会更痛苦。

2. 学会实用的护理方法

（1）帮助病人关注外界

抑郁大学生往往深陷在自我矛盾与自我纠结之中，不能敞开心扉面对外部世界。关注外界有助于缓解抑郁情绪。怎么样才能够关注外界呢？可以问病人做了些什么而不是问病人哪里不舒服。问哪里不舒服，病人在回忆过程中会重复他的痛苦，这样会加重病人的病情，打击病人的自信，也会更进一步地提高病人的负面情绪。这是护理抑郁症患者与普通病人的明显区别。

问病人都做了些什么，可以起到很多正向作用。病人在描述他做了什么的过程中，潜意识里他会感觉到：唉，我做了不少工作啊！也会感觉到自己是个有用的人，会增强其自信心，言语会增多，这会帮助患者从负面的情绪中解脱出来。与病人交谈时，要以病人感兴趣的话题为中心。帮助病人回忆那些成功的、愉悦的往事，而不是谈论自己感兴趣的话题。与病人谈论一些他关心的人或事，比如他的同学好友等，说一些让他能够高兴愉悦的事，那些让他操心的和让他担忧的事少说或者不说，嘘寒问暖这样的话会让他更多地关注自身。所以引导他关心别人反而是帮助他，但一定不能够给他负担，更不能给他压力。

电视是病人接触外界很好的渠道，要鼓励病人多看电视，尽量多给病人看电视的机会。护理的人不能够全程陪护，要通过其他的渠道帮助病人，其中电视就是很好的渠道。与病人一块看电视时，要以病人的喜好为主，要耐心地陪病人看电视，听病人讲剧情，问病人看过的剧情，根据病人的接受能力提供一些他能够看得懂的电视剧或其他的节目，这也是一个帮助治疗的过程。晚上看电视最好是看到 8 点半以后睡，否则早晨会醒得太早，应提醒患者合理地安排作息时间。

（2）正确的行动

要鼓励患者做一些力所能及的事，并予以鼓励。患者发病时多说些宽慰的话，多鼓励，以提高他的自我能力和自信。患者精神正常时，陪伴的人要有耐心倾听患者的诉说，不要以自我为中心而应该以患者为中心，做一个倾听者也是对患者的很好的帮助，让患者感受到家庭的温馨。

发现大学生出现抑郁症状后，要马上行动。除了语言引导外，可以立即帮助他变换位置或行动。比如病人坐在某地时，可以找借口领他到另外一个环境中，抑郁症的病人最需要的是宽敞明亮的环境，挪一下位置甚至是变换一下姿势都能够帮助病人缓解他的痛苦，而不是任由病人待在原地，要从行动上付诸关心。因为病人自己不具有上述这些基本的能力，护理的家人多帮助他几次以后，慢慢地，他也就有应对的能力了。

病人行走时，提醒病人抬头走路。抬头这个姿势是一种积极的行动，昂首挺胸往往会给人带来积极情绪。低头可能容易导致消极情绪，"垂头丧气"就是如此。

当出现症状时提醒病人深呼吸，深呼吸可以使病人精神放松，一定程度上缓解抑郁情绪。多次地提醒帮助病人之后，当病人再遇到同样的情况时，病人也就有能力应对了。

帮助患者搞好个人卫生，睡前热水泡脚，为患者创造舒适的入睡环境，确保病人的睡眠质量。

针对抑郁症大学生的护理，家庭成员要一起分析、寻找病人发病根源，共同去除不良刺激因素，改善家庭成员间的关系，创造一个和睦的家庭环境，这是抑郁症病人家庭治疗及护理的关键。做好家庭护理，有利于巩固疗效，预防复发。

（3）帮助抑郁大学生合理安排日常生活及作息制度

重度抑郁大学生的一个典型特点是意志行为衰退，他们甚至安排不好日常的基本生活。例如何时起床、睡觉、散步、干家务活、看电视等。有时病人会丧失以前有的能力，需要家人手把手帮助病人恢复，如做饭、炒菜、洗衣服等，这些都应结合病人的具体情况，科学安排，使病人逐步恢复正常生活。

病人提出的合理要求，要尽量满足，对不合理的要求，要多做说服解释工作。态度要亲切、和蔼、耐心，避免对病人的不良刺激。

（三）消除抑郁大学生内疚悲观心理

大学生抑郁症患者常常会有"自己给家庭带来了麻烦""全体家庭成员都因为担心自己而造成生活围着自己转"这样的不安和内疚。为了消除患者这样的顾虑，尽快恢复健康，家庭成员要尽可能地感同身受和对患者给予理解，这也是很重要的方面。如果做得好，患者就会和家庭成员产生积极的信赖关系，这样会非常有利于患者恢复健康。另外，抑郁症患者一般都会对将来感到悲观，甚至会产生绝望的念头。家庭成员要注意倾听患者的诉说和烦恼，而且只有家庭成员才可以听到患者最真实、最直接的想法。这样可以了解患者所在意的问题，引导患者改变思维方式。在沟通中，家人要帮助其学会弹性思考，增强其适应能力。

由于病人的自信心不足，因此要多鼓励、多赞美和进行正向的引导，少说或者不对他进行负面的评价。有些负面的评价，护理者会很随意地说出来而自己却没有意识到。护理者要时常反思，自己今天有没有鼓励病人，有没有随意地嘲笑或看不起病人。护理者应该尊重病人，要把关心真正体现在有效的护理行动上，而不仅仅是平常人的关心，要知道自己关心的对象是位病人，要把基本的简单的护理知识变成习惯。

（四）家庭成员身心健康

研究指出，抑郁障碍会造成沉重的家庭负担，对其家庭功能、家庭成员的生活质量和心理健康造成严重不良影响。研究人员在××省范围内调查了900 例抑郁障碍患者，以家庭负担问卷（FBS）评价家庭负担，以家庭关怀度指数问卷（APGAR）评价家庭功能，以健康状况问卷（SF-36）评定照料者的生活质量和心理负担，并与正常人家庭对照。在 FBS 的 6 个因子中，家庭经济负担、家庭日常活动、家庭休闲娱乐活动、家庭关系、家庭成员心理健康 5 个维度的阳性回答率均高于 50％；农村抑郁障碍患者的 FBS 家庭经济负担维度得分显著高于城镇患者（$p<0.05$），而家庭成员心理健康维度得分显著低于城镇患者（$p<0.001$）。抑郁障碍患病后比患病前 APGAR 总分及各维度分均显著降低（均 $p<0.001$）。在 SF-36 的 8 个因子中，抑郁障碍直接照料者组的生理职能、一般健康、社会功能、情感职能和精神健康因子评分显著低于对照组（均 $p<0.001$）。

抑郁症的病程较长，家庭成员也会出现"护理疲劳"。虽然家庭里只有一个人患上抑郁症，但是时间一长，整个家庭也会陷入抑郁情绪中。因此建议家庭成员要对抑郁症抱有长期应对的心理准备，尽可能地保持精神上的健康，也不要忘记休息和调整精神状态。

许多家庭成员报告说难以同患抑郁症的家人生活，日复一日，他们自己的情绪和健康也都受到了损害。这些抱怨得到了研究者的观察证实：抑郁症患者对周围人的情绪有着较大的影响，例如，同抑郁症患者的一次短暂的电话交谈可以影响非抑郁者的心境。由此可见，抑郁症无疑给家庭成员和家庭关系带来了巨大的压力。

第三节 学校应对策略

当前，高校时有发生大学生自杀事件。有资料显示，以抑郁为主要表现形式的情绪困扰是导致悲剧发生的主要心理诱因，缓解并解决大学生中存在的抑郁情绪也就成为高校教育的重要一环。

一、加强大学生的生命教育

（一）生命教育概念与必要性

生命教育是有生命的教育，是一种走向生活的教育。生命教育是现代性生命与生活实践"问题意识"的产物。生命教育既是现代生命危机的表征，也被视为现代生命问题的解决之道。生命教育最有价值的启示之处在于它批判性地认为现代生命观的反生命性，建设性地认为生命的质量可以通过某种合乎生命原则的教育得到提升。迄今为止所有以生命教育为标志的生命教育理论和生命教育实践都是某种"问题意识"的产物，即自然生命问题和精神生命问题的产物。生命教育所直面的正是现代社会层出不穷的生命病理问题，如自杀、他杀、人身安全、心理健康、艾滋病、吸毒、情绪障碍等。

高校时有伤人伤己的恶性事件。因为学业压力、就业压力、感情压力的影响，很多学生选择了自杀来结束生命。有的则因为与他人关系的不和谐，对他人生命造成了伤害，如××大学的投毒杀人案。种种案例表明，当前高校学生的生命意识薄弱，生命观念不强。部分学生对生活感到茫然、对未来很模糊，甚至有自杀的想法。很多学生虽然有珍惜自我生命的意识，但是对身边的其他生命却很冷淡，如虐猫这类行为时有发生。

由此看来，高校学生对生命漠视的现状较为严重，对他们的生命教育不容忽视。然而很多高校并没有意识到生命教育的重要性，几乎没有展开过生命教育，即使是在校园惨剧发生后，也多为封锁消息或仅仅简单地通报，并没有系统地对学生展开生命教育。有些高校虽然展开了生命教育，但是陷入了一个误区，把生命教育当作是学科教育，通过课堂的讲述展开教学，但是价值观的建立通过普通的教学是无法完成的。生命系统理论的研究不足，缺乏实践，没有相对应的体系都暴露了高校在生命教育中的不足。当前的形势下，因为应试教育长期占据主导地位，师生均面临着教学、考核压力，我国高校尚且不具备单独开设生命教育理论实践课的条件，生命教育理念相对滞后，生命教育的实践几乎没有机会在高校校园内展开。这种高校生命教育的缺失导致很多学生不能够独自在社会上立足，对生命的尊重也较为缺乏。要想这个状况得到改善，就必须增强对高校学生的生命教育，这种教育是必不可少的。

（二）大学生生命教育存在的问题

1. 对生命教育认识、重视程度不够

我国的传统文化中相对避讳"死亡"的话题，对"生命教育"的重视程度也不够。古往今来的教育都侧重于应试教育，评价学生好坏的标准更多的是成绩和分数。无论是社会、学校还是家庭最为看重的就是学生的学习成绩，心理健康教育则很少被关注到。一个孩子从出生开始就生活在这样的氛围中，到了大学时代，抗压能力、抗挫折能力、心理承受能力及独立生活的能力普遍较差，而高校又普遍缺乏生命教育，这就导致大学生在遇到人生中大大小小问题时，往往不能采取积极主动的态度，在稍遇困难后，就不能很好地进行自我调节，对待生命的意识越来越淡薄，严重者会出现伤害自己甚至危害他人性命的情况，这与整个社会对生命教育的重视程度不够甚至缺失有很大关系。

2. 缺乏系统化的生命教育课程，师资力量薄弱

我国的传统文化中向来注重学生的课业成绩，忽视了心理教育，加上当今教育体制的影响等原因，造成了许多高校没有开设生命教育的一系列专门课程的现状，专门机构更是缺少，同时也缺乏专业化生命教育师资力量。有相当一部分的心理教师本身就是从其他教师"转化"而来，没有经过系统的生命教育培训就仓促上阵，自己对生命教育的理解就非常浅薄，更谈不上去很好地给学生传达生命教育的真正理念和价值，对大学生实施的生命教育更是不够。

3. 学校、家庭和社会之间缺乏有效合力

教育向来不仅仅是学校的事情，它需要社会和家庭也参与进来，教育是

三者合力的结果，任何一方置身事外的缺席都会影响对人的教育效果，生命教育更是如此。父母是孩子最好的老师，家是最初进行教育的地方，父母对待生活的态度会对孩子产生影响，孩子最初对生命的认识也是来源于家庭教育。而社会是一个大的环境，大环境对待生命的态度直接影响到生活在其中的每一个人。家庭和社会都不重视生命教育，且对生命教育的开展很少起到推动作用。由于多方面的影响，高校也缺乏实施生命教育的条件，且三者之间缺乏有效的沟通与交流，使得对大学生的生命教育更是陷入无限的恶性循环中。

4. 生命教育的实践力度不够

杜威提出"教育即生活"，教育来源于实践，并在实践中实现。实践性是生命教育的灵魂所在。生命教育不仅需要系统的理论知识，更需要学生在实践活动中激起内心深处的触动，才能让他们树立对生命的正确态度。帮助学生掌握生命知识，引导学生形成正确的生命态度和生命意识，珍爱自己和他人的生命，热爱并创造美好生活。但是，生命教育的实践环节是最为薄弱的一环，即使有部分高校开展了生命教育课程，也很难落到实处，主要的原因就是实践环节的缺乏。进社区服务，到戒毒所、医院参观等实践很少付诸实施，因此高校学生很难获得丰富的生命体验。

（三）对高校学生实行生命教育的途径

1. 转变教育观点

生命教育需确立以生命为核心的理念，尊重生命，珍惜生命。任何不尊重生命，违背生命理念的观点都应予以剔除或转变。传统的教育观点把生命教育也当作一门学科知识实行传授，这样的观点较为陈旧，不够深入。生命教育应该做到专门化，但普通课堂教育在某种水准上也是能起到生命教育的作用，因此不能忽略其作用。更要在知识的传递中引入技能的传递，教会他们如何生存，给予他们生存技能与生命保护技能。生命教育不能只停留在课上的时间，课下学校也应该对学生的心理状态进行重视，让生命教育成为一种日常，融入生活的方方面面，让学生对生命的敬畏与尊重成为一种习惯，真正领悟到生命的意义与价值。生命教育不能局限于学校的教育，学校也应该与家长及时沟通，反映学生的真实情况。高校学生绝大多数离家在外，如果学校能及时地与家长沟通，对于学生的成长、身心的健康都是多有裨益的。高校生命教育还应该与社会相结合，与社会上的一些团体组织相沟通，展开合作，例如参观一些相关的博物馆等，多方合作，共同推动高校生命教育的展开。

2. 开展教育体验

学校应该在开设生命教育课程的同时，开展丰富多彩的生命教育实践活动，培养大学生的生命情怀，感悟生命的可贵，理解生命的意义与价值，珍惜生命。如组织学生参观婴儿院、太平间、火葬场等，让学生亲身感受生命的可贵，从而培养热爱生命的情感；组织学生去养老院、孤儿院做一些志愿服务，引导学生关爱生命，从而增强生命责任感；组织学生参观看守所、戒毒所等，使学生树立生命意识，从而维护生命的尊严；组织学生到烈士陵园祭拜、到革命纪念馆参观，体会生命的价值和意义，从而使生命绽放光彩、熠熠生辉。通过组织体验式的活动，让学生真实地感受到生命的不易，引发他们对生命、对生活的思考。例如，让他们闭上眼睛，体会盲人生活的艰辛；组织他们观看类似《千手观音》这样励志的电视作品。只有亲身体会，才能让他们切实地体会到生命的价值。在展开教育体验的过程中，参与者的多重感官会被调动起来，活动中会凸显每个人的个性特点，反映出他们最真实的一面。让学生们通过一种不设防的状态，体验生活、感悟行为，在反思中完成对生命的教育感悟，并通过交流探讨身边的真实案例，体会生命的教育。各种抗震救灾的视频、各种高校的案例，都应该被利用起来，使学生在对生命的尊重与漠视的两种态度对比中，提炼出自己的感悟与理解。生命教育的本质在于鼓励学生珍视、尊重生命，领悟生命的价值，依靠单纯的课堂知识输出是很难完成的，而体验式的教育却能带给他们更直观、更切实的感受。高校学生作为社会中最具有生命力与创造力的组成部分，应该树立良好的生命观，珍惜自己与他人的生命，理解生命的内涵。就现实生活中发生的高校校园惨剧、生命教育在高校校园缺失的现状，高校的生命教育有极大的重要性与必要性。高校应重视生命教育，通过讲座、实际案例、宣传活动等重要的途径对学生进行生命教育，帮助他们树立正确的世界观、人生观、价值观，引导他们构建美好的生活。

3. 加强大学生的挫折教育

孟子曰：“天将降大任于是人也，必先苦其心志，劳其筋骨，饿其体肤，空乏其身，行拂乱其所为，所以动心忍性，曾益其所不能。”人生之路，有坦途也有陡坡，有平川也有险滩，充满挫折与逆境。挫折和逆境使人产生挫败感，陷入苦闷、焦虑、失望等消极情绪，失去对生活的热爱与信心和对生命的珍惜与尊重。挫折和逆境也可以唤起人们的斗志，开发生命潜能，锤炼意志，增强毅力，滋长恒心，进而挑战一个个挫折和逆境，最终通过自身努力，战胜困难，享受成功的喜悦与乐趣，感受生命的美好与伟大。

二、开展多种形式的积极心理素质教育活动

近代科学心理学自诞生之日起，就被赋予了三项使命：一是治疗精神疾病；二是使普通人的生活更加幸福；三是发掘并培养天才。而在二次世界大战后，心理学的主要任务变成了治愈战争创伤，研究心理疾病，以找到治疗和缓解的方法。在这种价值取向的指导下，传统主流心理学把重点放在了"心理问题"的解决上，致使传统主流心理学被误认为是"病理心理学"或"消极心理学"。当前大学生心理健康教育工作在价值取向上也陷入这种心理疾病预防和治疗的消极治疗取向。该取向以大学生的心理问题和心理障碍为中心，将工作重点放在学生心理问题的解决上，使高校心理健康教育呈现形式化、课程化和医学化倾向。该取向的心理健康教育模式忽视了对广大学生积极心理品质的培养和提高，也就实际上削弱了学生预防心理问题和适应社会变革的基础。由此导致大学生心理健康教育工作的偏差：关注点过分侧重在部分学生的心理问题上，忽视了广大学生心理素质的培养和提升。

高等学校大学生心理教育要走上正轨，纠正过去的工作偏差，就应当把学生心理素质教育放在首位，学校心理工作者做力所能及的事，并做出成效；应当在观念上以积极心理取向来引领学校心理素质教育方向，在实践中以积极心理干预来优化学生心理素质。积极心理取向的大学生心理素质教育的目的不仅是要探讨如何调动人的积极心理品质去克服或避免心理问题，更重要的是帮助那些处于正常状态中的"普通人"培养积极的心理品质、增强积极的心理体验、激发积极的心理潜能，更好地适应社会的各种变化，提升自我价值感和幸福感。

积极的大学生心理素质教育可以从以下几点来进行：

（一）积极的课堂教学活动

课堂教学是教学的基本形式。大学生心理素质教育须以课堂教学为主阵地。课堂教学可以在较短时间内帮助大学生获得积极的心理学基本理论和积

极心理素质教育的基本知识。同时，通过课堂交流和讨论，有助于大学生形成积极心理理念和提升心理素质。

课堂教学的要素包括教师、学生和教学环境。从教的角度来讲，积极理念的大学生心理素质教育的课堂教学就理所当然要求具备积极取向的教师、积极取向的教学内容和积极的课堂教学环境。

所谓积极理念的教师，是指具备积极心理品质和积极教学理念的教师。体现在两个方面：第一，教师自身具备积极的心理品质。"学高为师，身正为范"，只有自身具备积极心理品质的教师才能在积极心理素质教育过程中对学生起到言传身教的作用，只有具备希望感、乐观、感恩等积极心理素质的教师才能帮助培养有同样品质的学生。第二，教师应具备积极的教学理念。更新教育思想和教育观念是实施素质教育的先导，也是素质教育的灵魂和核心。教育思想滞后、教育观念陈旧，是当前制约素质教育全面推进的一大思想障碍。只有教育思想转变了，教学目标才能由单纯地传播知识转变到在传播知识的基础上注重培养学生能力、提高学生的素质上来。积极心理学倡导一种全新的心理学理念，它相信所有学生都具备较好的潜能和美德，并且在一定条件下可以发展成为积极的心理品质。具备该教学理念的教师会公平公正地对待每一个学生，发展其积极心理品质，促进其全面成长。

积极取向的教学内容强调在心理素质教育过程中应该把教学重点放在正向和积极的教学内容上。当前大学生心理健康教育的教学内容过多集中在大学生病理心理和消极心理上，忽略了大多数学生所具备的美德和潜能，忽视了积极心理品质的培养。教学过程是一个以心理活动为基础的情感过程和认知过程的统一，但是传统教学往往忽视学生的情感过程，结果导致许多学生的学习目标不清晰，学习动力下降。积极心理学理念下的教学内容注重充分发掘学生的潜能，使学生能快乐学习，帮助学生确立合适的学习目标。

积极的课堂学习环境体现在两个方面：一是新型的积极的师生关系，二是积极的课堂教学评价体系。新型的积极的师生关系表现为三点：①教师应树立正确的人才观。不少老师的人才质量标准还停留在学生考试成绩、是否遵守纪律以及是否听老师的话的"好孩子"上，这样的观念过于片面，而且对学生的成长也极为不利。"金无足赤，人无完人"，每个学生都有优点和缺点，教师对学生要多鼓励少批评，多发现学生身上的优点，并让每个学生都能认识到自己的优点，充分发挥自身的优点。②建立平等的师生关系。所谓平等的师生关系首要体现为师生之间人格关系的平等，人格上平等的师生关系才是和谐健康的师生关系，也唯有如此才能使学生积极健康发展。③课堂教学是师生共同参与的过程。师生之间应该成为学习的共同体，老师应该从知识的传授者转变成为知识学习的促进者，而且课堂上师生之间应该在知识、情感、道德、人格等方面进行广泛的交流和获得共鸣。只有这样，学生们才能以更开放的心态去学习知识，并大胆地创新。

课堂的教学考评体系直接反映教育的培养目标，而教育的培养目标就是一个"培养什么人，怎么培养人"的问题，积极心理素质教育模式就是要培养"具有积极心理素质的人"。积极取向的大学生心理素质教育强调培养学生积极心理素质，如积极认知、积极情感、积极个性特征和美德等，所以我们的考评制度首先应该是实行多元化的考评方式，改变以往只注重学生成绩和纪律的考评方式，把学生在课堂中所获得的积极体验、积极情感、积极认知、积极个性及积极行为等纳入进来。另外还应转变考评的理念，因为教育有一定的滞后性，所以我们应把以前的注重短期的、功利化的量化考评转为注重质的考评。

从积极的教学环境来看，还应注意塑造积极的校园心理文化。"文化"出自西汉刘向的《说苑》，与"武力"相对。而这一概念最早是源自《周易》，《易·贲卦·象传》云："观乎天文，以察时变；观乎人文，以化成天下"，"人文化成"总体上就是将人的修养和行为养成、普及的过程。文化的这种特性用马克思的话讲，就是把"尽可能完整全面的"人生产出来。因此应当在大学里倡导积极的校园心理文化，帮助大学生养成积极认知、积极情感、积极个性特征和积极行为习惯，以此塑造和内化大学生积极心理素质。

（二）积极的团体辅导活动

团体辅导是由英文 group counseling 翻译而来的。group 也可译为"小组，群体，集体"，counseling 亦可译为"咨询，辅导"，所以团体辅导与小组辅导、集体咨询和团体咨询概念相同。从习惯上讲，我国台湾地区多用团体咨询或团体辅导一词，我国香港地区多用小组辅导，我国其他地区多使用团体咨询或团体辅导。

团体辅导是在团体情境下进行的一种心理辅导形式，它是以团体为对象，运用适当的辅导策略与方法，通过团体成员间的互动，促使个体在交往中通过观察、学习、体验，认识自我、探讨自我、接纳自我，调整和改善与他人的关系，学习新的态度与行为方式，激发个体潜能，增强适应能力的助人过程。

大学生很多心理困境具有共性，大学生抑郁的原因有很多也是共同的，如学业挫折、失恋、亲子关系、人际关系等。团体辅导是针对有共同症状、共同病因等一系列共同因素的心理困境的学生所进行的一种群体性辅导，是一个辅导师面对一群来访者，来访者之间可以相互影响、相互作用。对于有类似问题和困惑的大学生，采用积极的团体互动可以在较短时间内帮助较多大学生获得积极认知、情感和意志行为。可以开展各类主题的积极团体辅导活动，如提高学生的希望感、自信心、满意度、对幸福的感知等。

积极的团体辅导是大学生积极心理素质教育的有效形式，它是针对大学生群体开展的积极取向的心理辅导，通过大学生朋辈群体的良好人际关系、归属感、互助互利，发展良好适应行为，并用和别人一样的体验、探索自我和成长等方式养成大学生的积极心理品质。

大学生积极团体心理辅导举例：

目的：以积极心理学理论为指导，使用互动式教学、角色扮演、定向训练、小组讨论分享等方式培养和激发抑郁大学生的积极认知、积极情绪、积极意志行为和积极个性。

时间：每周星期五晚上 7：00—8：45，共 24 次

地点：某大学心理健康教育中心团体辅导室

组织者：心理教师

表 7-1　抑郁大学生积极心理品质培养团体训练方案

序号	训练形式	训练目的	训练内容
01	定向训练	相互熟识 建立团队规范和契约	雨点变奏曲热身活动；连环自我介绍。
02	互动式教学	做一个积极健康的人 （积极认知训练）	了解健康的真正内涵和积极心理学的相关知识，明确团体训练的目的与意义。
03	讨论与分享	积极人生与生涯规划 （积极认知训练）	了解生涯知识，制定生涯规划方案，用心描绘一张自己的人生路线图：包括人生的不同阶段与主要角色。

（续表）

序号	训练形式	训练目的	训练内容
04	互动式教学	认识人类的优势和美德（积极认知训练）	学习积极心理学提出的 6 大美德和 24 项人格特质，用"优势测量"方法发现成员的优点，认识自我与完善自我。
05	讨论与分享	探索人生意义（积极认知训练）	列出你认为一生要做的 n 件事情、给自己写一份悼词、进行"价值拍卖"活动等，并分享各自的体验和感受。
06	定向训练	幸福的方法（积极身心训练）	运动与幸福；介绍身心和谐的方法（冥想、瑜伽和太极拳）；学会欣赏自己、欣赏他人和乐观学习。
07	角色扮演	自我管理能力训练（积极行为训练）	制定合理目标，把目标具体化、细节化、行动化；通过"扮演理想生活中的自己"，体验如何进行有效的自我管理。
08	互动式教学	认识压力与挫折（积极意志行为训练）	了解压力与挫折基本知识及对人的正面影响，从积极角度来看待压力与挫折。
09	讨论与分享	寻找合适工作（MPS 方法）（积极认知训练）	找寻工作的方向和使命感。回答三个问题：什么会给我使命感？让我快乐的事情是什么？我的优势是什么？
10	定向训练	学会感恩，表达感激（积极情感训练）	练习：发生在我身上的三件好事；通过"情感红绿灯""ABC"理论等舍弃负性情绪，做积极情绪的主人；每天记下五件值得感激的事并在小组会上分享。
11	互动式教学	积极情绪的力量（积极情绪训练）	了解情绪对我们的影响，认识积极情绪和消极情绪，并学习怎样与坏情绪相处，怎样克服坏习惯。
12	角色扮演	信任之旅（积极情绪训练）	通过"盲行""坐地起身"等活动体验互助、信任的重要，感受助人的快乐。
13	训练与分享	人生"四象限"日志（积极认知训练）	填写"人生模式"的四象限的特别日志，了解"忙碌奔波型""享乐主义型""虚无主义型""幸福型"的不同。
14	定向训练	幸福的冥想练习（积极情感训练）	释放积极情绪：找个安静的地方，深呼吸，试着进入一个平静的心态，用意念扫描你的全身，构建美丽的心灵花园，把积极情绪灌注全身，把冥想变成习惯。
15	互动式教学	了解学习，快乐学习（积极情感与认知训练）	包括个人成长和专业成长，积极看待学习中的困扰，在每类学习中用心地去找寻快乐和意义。

（续表）

序号	训练形式	训练目的	训练内容
16	定向训练	学会优化个性（积极个性训练）	了解气质和性格区别，学习合理运用自己气质，塑造良好性格，实现个性优化和意志锻炼。
17	讨论与分享	困境与成长（积极意志品质训练）	写下一个你所经历的艰难时期，心怀感恩地去体会你所得到的好处。分享"永远不要浪费从困境中学习的机会"这一感悟。
18	互动式教学	如何增进逆境智商（积极意志品质训练）	学习增进逆境智商的方法：聆听自己对逆境的反应；探索自己与逆境的关系；分析并找出证据；以行动改善挫折。
19	训练与分享	有效应对压力（积极意志行为训练）	有效应对压力的技巧：正确归因法；目标调整法；社会求助法；丰富生活法；自我暗示法；合理宣泄法；自我放松法。
20	互动式教学	培养爱的能力（积极认知、意志行为训练）	正确看待爱情，用积极心态面对恋爱中的问题，培养爱的能力，想象和描述自己未来家庭的美好情景。
21	定向训练	培养积极心理品质（积极意志行为训练）	通过寻找"最佳社会公民"等活动，发现人类的积极品德：智慧、勇敢、仁爱、公正、克己和超越自我。
22	角色扮演	塑造合理信念（积极认知、个性训练）	用"三栏目技术""信念辩论"等，舍弃不合理信念，关注积极信念。
23	影视欣赏后讨论与分享	看电影写观后感（积极认知、个性训练）	看电影《美丽人生》等，并写观后感，进行讨论，加深对积极人生奋斗的理解。
24	野营活动	联谊与总结（积极情绪、认知训练）	通过户外活动的联谊，总结积极心理训练的收获与体会，为结束团体训练做准备。

（三）积极的网络服务平台

心理学研究表明，人们在认识某一事物时，只用听觉能够认识事物的15％，只用视觉能够认识事物的20％，而视觉听觉并用可以认识事物的65％。由此可见，集文字、图像、声音等效果于一体的积极心理素质教育将大大增强教育对学生的感染力和吸引力。

作为一种新型、先进的教育模式，积极的大学生心理素质教育没有理由不利用现代化网络教育平台来帮助大学生形成和提高积极心理素质。应用网络这种新的媒介手段来对学生进行心理教育的服务已经在部分高校进行了一些尝试，但是因为缺乏技术与人员，到目前为止还处在一个继续探索的阶段。而网络辅导以及服务的平台应该具有自助、互助、求助的功能。

积极的网络辅助和服务平台的"自助"功能应该注重以下建设：第一，普及积极的心理学知识。可以把相关的积极心理学知识以及相关的心理学小故事发布到网站上，让同学们能够了解到更多的积极心理学的知识和理念。第二，心理测量和测试。可以把相关的积极心理学的问卷和测量表发布到网络服务平台上，让学生能够了解自己的心理状况，比如自身的幸福感指数、希望感的程度、自身的满意度等。第三，提供可以让个体进行心理训练的一些方法。可以在网上给学生提供一些训练，让学生掌握提高自我积极心理的方法，比如如何利用积极自我暗示提高自信心，使学生通过自我训练获得更多的积极体验和情绪，并内化形成积极个性心理品质。

"互助"的功能应该注重以下方面的建设：第一，建立网络论坛心理服务社区，在论坛社区鼓励学生把一些困惑和对生活中的一些积极思考发表到论坛，实际上也鼓励了学生对于自我积极心理的思考。第二，充分利用诸如QQ、微信之类的聊天软件，让学生们的思想能够充分地碰撞，获得顿悟，培养积极情绪和积极品质。

网络服务平台还应该包括"求助"的功能，求助的功能应该包括：第一，建立心理老师的博客。心理老师的博客中应该有不少关于积极心理知识的介绍，让博客成为心理老师和学生的一个互动平台，学生可以通过老师的博客及时了解一些最新的积极心理学知识，还可以通过在老师博客上留言的方式获得老师的及时回应。第二，建立网络的求助留言本。网络求助留言本可以有两种形式，一种是学生以匿名的形式公开留言，这种形式可以让同学们看到一些他人的困惑并能以共情的方式对自己心理进行考察，另一种是以保密的方式进行私密的留言，心理老师也可以以保密的方式进行回复，及时追踪和解决问题。第三，公布心理老师的咨询 E-mail。公布每个心理老师的咨询 E-mail，可以针对一些学生困惑进行信件咨询和交流。

总之，积极的网络辅助和服务平台可以让学生了解更多的积极心理学的知识和理念，是学生的一个自助和助人的重要平台。

三、开展心理普查与积极个体咨询

（一）心理普查

所谓心理普查是指对某一群体的心理状况进行的普适性调查。开展大学生心理健康普查是大学生心理健康教育、预防大学生心理危机的重要途径。

1. 心理普查的作用

（1）心理普查能对有心理问题的学生进行早期发现，并提供及时的帮助和必要的治疗，能在心理普查中发现抑郁大学生并及时治疗他们。

（2）心理普查可以帮助同学们更好地了解自己的心理状况，了解心理问题的表现，在以后的学习和生活中积极主动调节心理状态，增强心理保健意识，提升自身的心理素质。

（3）全面了解学生的心理健康状况，为学校有效开展心理健康教育提供重要的科学依据。

2. 心理普查的特点——科学有效的心理测试

心理普查的主要内容就是运用科学有效的心理量表来对普查对象进行心理测试，以评估人的某个时间段里的某些心理特点和心理状态。心理测试的优点在于能够比较快而多地了解各类人的不同心理状态与特点。它的一个非常致命性的缺点是受环境的影响与暗示，并受被测者当时的心理状态等因素的影响较大。所以，心理普查一定要选一个合理的时间、地点，并且要得到同学们的大力配合。

3. 怎样看待心理普查的结果——合理参考，服务自我

对待心理普查的结果，要有一个科学的态度。由于心理的复杂性，任何心理量表的结果，都只是给被测者了解自己心理的一个参考。正规测试与非正规测试的区别在于前者的结果更接近被测者的真实情况。因此，对心理普查的结果不可过分迷信，特别是不能随便给自己"扣帽子""贴标签"，然后背上一辈子的阴影。完全不相信心理普查的结果也是不对的。被试者越合作，测试的结果越准，结果的参考价值就越大。心理普查结果只表示同学们的现实心理状况，不存在"好"与"不好"的问题，只存在"准"与"不准"的问题。心理普查有利于同学们了解自己心理健康状况，及时寻求心理帮助；有利于同学们了解自己的个性特点，了解自己个性中的优势和不足，以发扬长处，避开不足可能带来的麻烦。所以心理普查对每位大学新生来讲，都是一次难得的自我认识的机会。

4. 以怎样的心态面对心理普查——消除顾虑，积极合作

心理普查的结果需严格保密，更不要给同学们记上"黑名单"，而是要为同学认识自己、发展自我提供科学依据。所以请每位同学尽量把自己最真实的情况反映在问卷上，不要去猜测怎样填才是最好的。事实上，如果一定要说结果好坏的话，越真的结果就是越好的结果。也不要认为心理普查增添了麻烦，采取完成任务的心理来完成测试。心理普查是为了帮助同学们更好地认识自我。同时，同学们测试时不要受他人影响，也不要影响他人，主动地了解心理普查的结果。如果认为自己需要帮助，可以主动地寻求心理帮助。

（二）积极个体咨询

抑郁大学生的典型特点是消极情绪与消极心理，对于抑郁大学生来说，针对性的积极心理咨询可以提升其积极心理素质，提升其应对抑郁的免疫力。传统心理治疗重点解决紧张刺激给病人心理带来的消极影响，心理治疗者以医生治疗病人身体疾病的模式来对待心理疾病。患者被当作是症状或紊乱的载体，修复患者损伤成为治疗的唯一机制。在社会环境呼唤和传统心理治疗片面化等情况下，德国的诺斯拉特·佩塞施基安博士于 1969 年创立了积极心理治疗的理论和实践，使之成为一种经济、有效、以来访者冲突为中心的心理治疗方法，并很快被德国及欧洲其他国家的心理咨询师接受和使用。1986 年，佩塞施基安到中国讲学，将其积极家庭心理治疗引入中国，之后的 10 余年中他多次到中国讲学，陆续将积极心理治疗的理论和实践传入中国，并被心理工作者接受和运用。

佩塞施基安博士提出了五阶段主导疗法：①观察、距离阶段，该阶段深切地关注和倾听来访者目前主要躯体症状及心理反应，鼓励其用跨文化观点作出积极解释，若解释出现困难，则根据不同情况用东方寓言故事等方式，引导和启发来访者进一步作出积极解释。②调查阶段，让来访者说出近 5～10 年发生过的重大事件，并确认重大事件和其自身症状之间的关系，努力探索冲突与现实能力之间的关系，并鼓励来访者对重大事件作出积极解释，若解释出现困难，则根据不同情况用东方寓言故事等方式，引导和启发其进一步作出积极解释，以发展他们潜在的处理问题能力。③处境鼓励阶段，对来访者表现出来的积极行为进行鼓励，若冲突仍未解决，可用东方寓言故事等方式启发来访者直觉和积极想象，改变对目前处境的认知。④言语表达阶段，让来访者用语言表达自己心理和行为的变化，还有哪些问题需要解决。⑤扩大目标阶段，帮助来访者克服当前心理问题的限制，学会处理各种不同的冲突，鼓励来访者追求新的、体验从未有过的积极情绪。

我们借鉴了佩塞施基安博士的五阶段积极心理治疗，如图 7-1 所示：

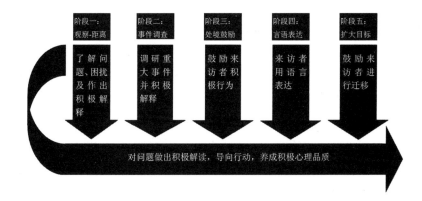

图 7-1　积极的个体心理咨询模式的五个阶段

第四节　社会应对策略

相关的研究表明，大学生抑郁痊愈与良好的社会支持有密切关系，抑郁大学生得到的社会支持越多，越容易从抑郁中走出来。

一、政策支持

加强抑郁大学生的心理健康教育，帮助抑郁大学生顺利走出抑郁阴霾，政府职能部门的相关指导与政策支持是必不可少的。一些近年来与大学生心理健康教育相关的政策文件，对推进大学生心理健康起了重要作用。

1.《中共中央　国务院关于进一步加强和改进大学生思想政治教育的意见》（中发〔2004〕16 号文件）

该文件指出，一些大学生不同程度地存在政治信仰迷茫、理想信念模糊、价值取向扭曲、诚信意识淡薄、社会责任感缺乏、艰苦奋斗精神淡化、团结协作观念较差、心理素质欠佳等问题。

文件强调开展深入细致的思想政治工作和心理健康教育要结合大学生实际，广泛深入开展谈心活动，有针对性地帮助大学生处理好学习成才、择业交友、健康生活等方面的具体问题，提高思想认识和精神境界。要重视心理健康教育，根据大学生的身心发展特点和教育规律，注重培养大学生良好的心理品质和自尊、自爱、自律、自强的优良品格，增强大学生克服困难、经受考验、承受挫折的能力。要制定大学生心理健康教育计划，确定相应的教育内容、教育方法。要建立健全心理健康教育和咨询的专门机构，配备足够数量的专兼职心理健康教育教师，积极开展大学生心理健康教育和心理咨询辅导，引导大学生健康成长。

文件颁发后，全国上下深入细致地学习了文件，大多数高校建立了心理健康教育专门机构，配备了一定数量的专职心理健康教育教师，开展了大学生心理健康教育课程，开展了针对大学生的交心谈心活动，对重视和促进大学生心理健康教育、帮助患有抑郁的大学生走出抑郁起到了良好作用。

2.《教育部　卫生部　共青团中央关于进一步加强和改进大学生心理健康教育的意见》（2006 年）

针对中央的 16 号文件，教育部、卫生部和共青团中央下发了《关于进一步加强和改进大学生心理健康教育的意见》（以下简称《意见》）。《意见》指出：加强和改进大学生心理健康教育的基本原则是：（1）坚持心理健康教育与思想教育相结合。既要帮助大学生优化心理素质，又要帮助大学生培养积极进取的人生态度。（2）坚持普及教育与个别咨询相结合。既要开展面向全体大学生的心理健康教育，更要根据不同情况，开展心理辅导和咨询工作。（3）坚持课堂教育与课外活动相结合。既要通过课堂教学传授心理健康知识，又要组织大学生参加陶冶情操、磨炼意志的课外文体活动，不断提高大学生心理健康水平。（4）坚持教育与自我教育相结合。既要充分发挥教师的教育引导作用，又要充分调动学生的积极性和主动性，增强大学生心理调适能力。（5）坚持解决心理问题与解决实际问题相结合。既要加强大学生心理健康教育，又要为大学生办实事办好事。

《意见》指出，加强和改进大学生心理健康教育、做好心理咨询工作的主要任务是：（1）宣传普及心理健康知识，帮助大学生认识健康心理对成长成才的重要意义。（2）介绍增进心理健康的方法和途径，帮助大学生培养良好的心理品质和自尊、自爱、自律、自强的优良品格，有效开发心理潜能，培养创新精神。（3）解析心理现象，帮助大学生了解常见心理问题产生的主要原因及其表现，以科学的态度对待心理问题。（4）传授心理调适方法，帮助大学生消除心理困惑，增强克服困难、承受挫折的能力，珍爱生命、关心集体，悦纳自己、善待他人。

高校要把大学生心理健康教育和咨询工作纳入学校思想政治教育重要议事日程，并加强领导。不断完善和健全心理健康教育的工作机制，形成课内与课外、教育与指导、咨询与自助相结合的心理健康教育工作体系。要在学生工作系统设立大学生心理健康教育和心理咨询工作的专门机构，配备专职专业人员，具体负责组织实施大学生心理健康教育，切实做好心理咨询工作。不断完善大学生心理健康教育的保障机制。各省（自治区、直辖市）教育部门和高校要保证大学生心理健康教育必需的工作经费和条件，确保工作顺利开展。要组织专家和高校从事大学生心理健康教育的工作队伍积极开展科学研究，为加强和改进大学生心理健康教育提供理论支持及决策依据。

文件颁发后，各高校相继设立了心理健康教育专门机构和专职人员与专用经费，探索心理健康教育与思想政治教育结合点，探索心理健康教育的内容、途径与方法。

3. 《国家中长期教育改革和发展规划纲要（2010—2020 年）》（2010 年）

《国家中长期教育改革和发展规划纲要（2010—2020 年）》提出要坚持学生的全面发展。全面加强和改进德育、智育、体育、美育。加强体育，牢固树立健康第一的思想，确保学生体育课程和课余活动时间，提高体育教学质量，加强心理健康教育，促进学生身心健康、体魄强健、意志坚强。

4. 教育部办公厅印发《普通高等学校学生心理健康教育工作基本建设标准（试行）》《普通高等学校学生心理健康教育课程教学基本要求》（2011 年）

以上文件对大学生心理健康教育机制、心理健康教育师资队伍建设、心理健康教育教学体系建设、心理健康教育活动体系建设、心理咨询服务体系建设、心理危机预防与干预体系建设、心理健康教育工作条件建设、心理健康课堂教学都作了相关的规定与要求。

比如在教师队伍建设方面提出要求：高校应建设一支以专职教师为骨干，专兼结合、相对稳定、素质较高的大学生心理健康教育和心理咨询工作队伍。高校应按学生数的一定比例配备专职从事大学生心理健康教育的教师，每校配备专职教师的人数不得少于 2 名，同时可根据学校的实际情况配备兼职教师。高校应将大学生心理健康教育师资队伍建设纳入学校整体教师队伍建设工作中，加强选拔、配备、培养和管理。从事大学生心理健康教育的教师，特别是直接从事心理咨询服务的教师，应具有从事大学生心理健康教育的相关学历和专业资质。专职教师的专业技术职务评聘应纳入大学生思想政治教育教师队伍序列，设有教育学、心理学、医学等教学研究机构的学校，也可纳入相应专业序列。专兼职教师开展心理辅导和咨询活动应计算相应工作量。高校应重视大学生心理健康教育专兼职教师的专业培训工作，将师资培训工作纳入年度工作计划和年度经费预算。应保证心理健康教育专职教师每年接受不低于 40 学时的专业培训，或参加 2 次省级以上主管部门及二级以上心理专业学术团体召开的学术会议。适时安排从事大学生心理咨询的教师接受专业督导，同时应支持大学生心理健康教育教师结合实际工作开展科学研究。

在心理健康课堂教学方面，明确规定各高校应开设心理健康教育必修课程。课程教学内容包括大学生心理健康导论、生涯规划、学习心理、人际关系、情绪管理、恋爱心理与性心理、压力管理、生命教育与危机预防等。

文件对高校开展大学生心理健康教育工作的规范化、标准化起到了较好的政策指导作用。

5.《"健康中国 2030"规划纲要》（2016 年）

《"健康中国 2030"规划纲要》强调，要促进心理健康，加强心理健康服务体系建设和规范化管理。加大全民心理健康科普宣传力度，提升心理健康素养。加强对抑郁症、焦虑症等常见精神障碍和心理行为问题的干预，加大对重点人群心理问题早期发现和及时干预力度。加强严重精神障碍患者报告登记和救治救助管理。全面推进精神障碍社区康复服务。提高突发事件心理危机的干预能力和水平。到 2030 年，常见精神障碍防治和心理行为问题识别干预水平显著提高。

该文件为重视大学生群体的心理健康、加强患抑郁大学生抑郁防护与干预提供了政策依据和理论支持。

6.22 个部门联合印发《关于加强心理健康服务的指导意见》

文件强调，高等院校要积极开设心理健康教育课程，开展心理健康教育活动；重视提升大学生的心理调适能力，保持良好的适应能力，重视自杀预防，开展心理危机干预。

文件强调，到2020年，全民心理健康意识明显提高。各领域各行业普遍开展心理健康教育及心理健康促进工作，加快建设心理健康服务网络，服务能力得到有效提升，心理健康服务纳入城乡基本公共服务体系，重点人群心理健康问题得到关注和及时疏导，社会心理服务体系初步建成。到2030年，全民心理健康素养普遍提升。符合国情的心理健康服务体系基本健全，心理健康服务网络覆盖城乡，心理健康服务能力和规范化水平进一步提高，常见精神障碍防治和心理行为问题识别、干预水平显著提高，心理相关疾病发生的上升势头得到缓解。

文件对促进高校心理健康教育工作提供了政策支持和长远规划。

7.《中华人民共和国精神卫生法》(2018年)

《中华人民共和国精神卫生法》第十六条规定，各级各类学校应当对学生进行精神卫生知识教育；配备或者聘请心理健康教育教师、辅导人员，并可以设立心理健康辅导室，对学生进行心理健康教育。学前教育机构应当对幼儿开展符合其特点的心理健康教育。发生自然灾害、意外伤害、公共安全事件等可能影响学生心理健康的事件，学校应当及时组织专业人员对学生进行心理援助。教师应当学习和了解相关的精神卫生知识，关注学生心理健康状况，正确引导、激励学生。地方各级人民政府教育行政部门和学校应当重视教师心理健康。学校和教师应当与学生父母或者其他监护人、近亲属沟通学生心理健康情况。

《中华人民共和国精神卫生法》为抑郁障碍大学生的鉴别诊断、转诊和干预预防提供了法律依据。

8.《高等学校学生心理健康教育指导纲要》(2018年)

2018年中共教育部党组关于印发《高等学校学生心理健康教育指导纲要》(以下简称《纲要》)的通知中明确指出，心理健康教育是提高大学生心理素质、促进其身心健康和谐发展的教育，是高校人才培养体系的重要组成部分，也是高校思想政治工作的重要内容。

《纲要》指出，各高校要建设一支以专职教师为骨干、以兼职教师为补充，专兼结合、专业互补、相对稳定、素质良好的心理健康教育师资队伍。心理健康教育专职教师要具有从事大学生心理健康教育的相关学历和专业资质，要按照师生比不低于 1∶4000 配备，每校至少配备 2 名。心理健康教育师资队伍原则上应纳入高校思想政治工作队伍管理，要落实好职务（职称）评聘工作。充分调动全体教职员工参与心理健康教育的主动性和积极性，重视对班主任、辅导员以及其他从事高校思想政治工作的干部、教师开展心理健康教育知识培训。

《纲要》指出，大学生心理健康教育的主要任务包括：推进知识教育、开展宣传活动、强化咨询服务、加强预防干预。《纲要》为大学生心理健康教育提出了更加细致的规范和要求。

二、社区支持

2016 年 22 个部门联合印发《关于加强心理健康服务的指导意见》，该文件是我国首个加强心理健康服务的宏观指导性意见，明确了专业社会工作参与心理健康服务的路径和方法，强调了专业社会工作在提供心理健康服务、完善心理健康服务体系中的重要作用，对于加强心理健康领域社会工作专业人才队伍建设、推动心理健康领域社会工作事务发展具有重要意义。社会工作者和社区支持成为抑郁患者的重要支持资源。

有关研究表明，虽然抑郁症的患病率比较高，但是大致只有 1/3 的程度较重的抑郁症患者到专业医疗机构寻求诊断治疗，而大部分的抑郁症患者在社区没有得到恰当的诊断和治疗。同时，抑郁症又是一种易于复发的心理疾病，50%～60% 的首次抑郁发作的病人可能出现第 2 次发作；有 2 次抑郁发作的病人，出现第 3 次发作的概率为 70% 左右；而有 3 次抑郁发作的病人，出现第 4 次发作的概率高达 90%。社会心理因素诸如婚姻、家庭问题、就业、人际关系等，慢性躯体疾病、酒精、毒品等是抑郁症的重要诱发因素，躯体疾病还可因抑郁症而加重病情或影响预后。可见，抑郁症的社区服务具有非常重要的地位。

大学处在社区当中，大学生也是社区的一员。社区的有力支持能对患抑郁大学生的康复形成助力。

就抑郁症而言，社区服务的主要任务是普及抑郁症的基本知识及相关的心理卫生常识；及时发现和干预抑郁症病人；预防和防止抑郁症复发；调动各种社会资源并发挥其作用，通过各种有效的途径和方法促使病人康复；开展抑郁症的流行病学研究，为卫生行政决策提供参考依据。

社区进一步普及抑郁症知识，加大心理健康教育的宣传力度。研究表明，大学生抑郁症患者明显地缺乏基本的心理卫生常识及自我心理保健意识。患抑郁的大学生常把自己的心理问题归咎于躯体病，表现有多种躯体化症状，期望在综合性医疗机构中寻找到躯体病因。这些病人绝大部分都以躯体性主诉在各级综合性医院多次求诊，进行许多不必要的检查和治疗，造成医疗资源的浪费，有时还会导致医源性疾病和医患关系的紧张。因此，健康教育、精神医学和社会工作者除了借助报纸杂志、科普书籍、广播电视等多种媒体宣传普及抑郁症防治的基本知识之外，还应有针对性地开展抑郁症防治的社区健康教育，促进大众的心理保健意识，使患抑郁大学生对自己的疾病有正确的认知，不讳疾忌医或有病乱投医，及时到专业机构就诊，配合医生治疗及预防复发。初级卫生保健即全科医疗服务医生对服务对象存在的问题包括躯体、心理和社会问题应该综合性地作出诊断评价和治疗，对不能处理的疾病或问题应及时请求会诊或转诊，并且有义务协助其他专业医务工作者对病人进行治疗。

三、医院支持

已有实践表明，医院支持成为大学生抑郁专业治疗的强大后盾和重要保障。重性抑郁障碍的大学生应当接受专业的专科医生治疗。医院支持可以体现在以下几个方面：

（1）接受高校患抑郁大学生的转介并对患抑郁大学生进行专业的医学治疗

在大学生的心理危机干预工作中，要及时、快捷、有效地对大学生的心理危机进行干预，必须做好有关转介工作。所谓转介，是指学校师生接触或发现有严重心理危机的学生后，在征得危机学生当事人同意的情况下，按照学校事先制定的心理危机干预工作操作流程，将当事人稳妥地介绍或推荐给与危机干预相匹配的专业机构，由心理咨询师对当事人的心理危机程度做初步的评估或精神专科医师对当事人的心理危机或精神疾病做进一步诊断，并提出有效的治疗方法。

医院在接到转介来的患抑郁大学生后，应针对患抑郁大学生的抑郁症状、严重程度、病程等情况进行详细了解，开展对症药物治疗和针对性心理咨询、心理治疗。

（2）推进医学模式的转变，加强精神医学教育和健康教育医院应进一步提高非专科医生对抑郁症的识别和诊断处理水平及健康教育技能。研究显示，内科医生对抑郁症的识别率仅为21％，而参与同一研究的发达国家的识别率多在80％以上。非专科医生对抑郁症误诊率高，治疗率很低，没有很好地利用抗抑郁剂、心理治疗、会诊、转诊等处理措施，更谈不上开展健康教育的技能。研究结果说明医生只看"病"不看"人"的纯生物医学观点还没有根本转变。因此，继续推进从生物医学模式向生物—心理—社会医学模式的转变仍然任重道远。加快这一医学模式的转变，主要应从教育入手，要在医学教育中包括学校教育、在职继续教育中增加精神医学和健康教育的教育培训内容。尽快提高非专科医生对心理疾病的诊治水平及健康教育技能，使抑郁症病人及其他心理疾病患者在各级医疗机构都能得到识别，并给予恰当的诊断和治疗，使病人得到合理的会诊、转诊及健康教育服务。

第五节　自我应对策略

在应对抑郁的过程中，抑郁的最终痊愈与抑郁个体自身的积极努力是分不开的。大学生作为有知识、有文化、善于思考的群体，加强对抑郁的自我应对是其最终走出抑郁的重要途径。

大学生一般正处于青年中期，是自我意识迅速发展、出现矛盾并逐渐成熟的时期。这个阶段自我意识的一个显著特点就是主体执着于寻求自我同一性。心理社会学派的代表人物埃里克森认为自我同一性是一种熟悉自己的感觉，一种知道个人未来目标的感觉，一种从他信赖的人们中获得所期待的认可的内在自信。实际上就是确定自身是活生生的生命实体并感到自己本质上与社会上其他人是相同的一种感觉。大学生入学后，人际关系发生了很大的变化，他们脱离了对父母的完全依赖，学习上，由高中老师严格的管理教育变为以自学为主，开始要求成为一个独立的人。由于高考的激烈竞争，初入大学的学生没有思想准备，就试图谋求自己的独立，确立自己的存在，因而把一切想象得太好，向周围的人提过高的要求。这些要求往往是主观、利己、理想化的且难以被人们所接受，容易使其在人际交往上出现障碍，造成大学生理想和现实之间的矛盾。并且由于大学生自我意识的不稳定性，他们常常不能正确地认识和评价自己，容易出现过高或过低的自我评价，导致优越感或自卑感的产生。在这种情况下，他们无法决定自己的将来，不能正确认识理想的我和现实的我之间的差距，不能在多种价值观念中找到自己的目标和追求，同时失去了自己实在的生命存在感和与世界、社会的同一感，结果产生忧郁、苦闷、烦恼、绝望、悲观等消极情绪，渐渐从现实世界中退出来，回避同他人的接触，导致孤独、冷漠、疏远等不良人际行为，最终发展成抑郁甚至导致轻生自杀。

大学生抑郁常常与他对现状的不满意和优势地位的丧失有关系。从学习佼佼者到几百万大学生中的普通一员，从天之骄子到芸芸众生中的普通一员，大多数大学生经历了心态的失落与优势地位的丧失，因此，调整大学生的自我认识、正确看待丧失、加强人际关系、提升自信心等有助于大学生走出抑郁。

一、正确认识现状

社会心理学研究表明，主体的认知对个体的行为活动有直接的影响。这里的认知主要是指主体对世界（自我、他人、社会、环境）的态度、看法和信仰。抑郁的认知理论认为，易患抑郁症的个体有一种抑郁的自我图式（认知定势），消极地看待自我、消极地看待未来、消极地看待世界。这种消极的图式使他们在认识问题时思维和知觉发生系统性的歪曲，往往夸大某件事的消极方面而看不到它的积极意义。抑郁的行为学派则认为，由于个体在年龄、性别、身高、长相、性格特征等方面的缺陷，在现实生活中，他们不太受人喜欢，难以得到更多的社会性关注和社会性支持，因而产生悲观、冷漠、孤僻、内疚、自责、自罪等退缩的观念和行为。这些观念和行为反过来使他们在人际交往中更难得到积极的社会性强化，由此造成退缩行为和难以得到积极的社会性强化之间的恶性循环，进而导致抑郁症状的出现。大学生入学后，由于世界观、人生观和价值观以及生活方式等的急速变化，由于自我意识的不稳定性，在对自我、他人、社会和环境的认识上往往出现较多的偏差和矛盾，这就要求他们要有清醒的头脑，对自己的思想状况、心理成熟程度、学业成绩、工作能力、班上的地位以及年龄长相、性格特征等要有客观、正确的认识和评价。同时要客观地认识周围的人和环境，并正确对待、妥善处理学习、生活中所出现的矛盾和问题，挖掘自己的潜力，发挥自己的长处，克服不足之处，保持乐观、积极向上的进取精神。反之，如果对学习、生活中已出现的问题进行消极回避，就会使矛盾进一步加深，使问题越来越严重，从而陷入抑郁泥潭而不能自拔。

二、面对丧失（生活事件），合理的应对方式

前文研究表明，生活事件与应对方式是影响大学生抑郁的重要因素。丧失也是生活事件，心理学家普遍认为，丧失是抑郁的一种直接诱因。丧失可分为两种：（1）外在的丧失。如失恋、失学、离婚、亲人去世、丢失贵重之物等。（2）内在的丧失。包括安全感、自尊、自我价值等的丧失。内在丧失常由外在丧失所引起，如亲人去世、朋友离去导致安全感的丧失，撤职、降级、受处分导致自尊的丧失，失恋、离婚导致自我价值的丧失等。大学生的抑郁更多的是由于失去了高中时在班上学校或邻里家中的优越地位，得不到班主任、辅导员老师的重视，学习成绩下降或失恋、亲人去世、不受人喜欢等因素引起。要克服这种由于丧失而产生的消极情绪，可采取以下几条应对措施：

第一，放弃已失去的对象。应该认识到，虽然失去了某种东西，但并没有失去一切。绝不能"一叶障目，不见泰山"。否则，自己将陷入极度焦虑之中而不能自拔。

第二，寻找新的替代物。丧失使人的自尊、安全感和自我价值受到极大的创伤，对新事物的追求，往往能弥补丧失所引起的创伤。

第三，重新评价已失去东西的价值。由于丧失，我们可能会回过头来，从正、反两方面来看待已丧失的对象，这样才能使我们摆脱对已丧失对象所产生的理想化和完美化的错误观念，看到已丧失对象的不足之处。

第四，减少对丧失对象的回忆。尽量不去回忆已失去的人或事物。以免引起消极情绪，同时，应当把注意力转移到一些积极的事情上，创造条件摆脱困境，争取新的转机。如参加有益的集体活动、刻苦学习以便进一步深造、结识新朋友等。

三、锤炼积极人格

前文的研究表明，大学生的精神质与神经质人格对抑郁有重要影响，锤

炼积极的人格与性格对大学生的抑郁情绪的调节有重要作用。

（一）积极人格概念及内涵

积极人格的概念由著名心理学家、积极心理学的倡导者 Seligman 提出，它强调关注个体固有的、潜在的力量和优势，这些能够反映个体积极情感、思想和行为的核心品质和人格特征。在《人格理论与美德分类手册》中，Peterson 和 Seligman 将积极人格特征总结为公正、勇气、智慧等 6 种重要美德和与之相关的正直、宽容、团队协作等 24 种人格力量。积极人格和积极情绪体验、积极社会组织系统一起构成了积极心理学的三大支柱。

目前，对大学生积极人格特质的探索取得了一定的成果。周炎根（2011）认为树立积极教育理念、引导大学生培养并完善自身的积极人格系统具有重要价值。孟万金、杜夏华、罗艳红等（2009）在前人研究的基础上对中国大学生的积极人格和积极心理品质进行了内容和分类上的探索。吕槟（2010）发现中国大学生认同的积极品质与 Seligman 等的研究成果一致，并且受到传统文化价值观的显著影响，非常看重尊重、孝顺、乐观等积极特质。

（二）养成积极体验和积极认知

积极人格的塑造来自积极的情绪体验与积极的认知。对大学生积极人格的培养也应从积极体验和积极认知等方面着手。

积极体验包括积极的情绪体验、成功体验和控制体验等内容，对个体人格的形成和塑造具有重要的促进作用。大学生应该主动创造条件，增加对于积极情绪、积极认知的切实体会，促进自身积极心理资本的增长，更好地塑造积极人格。

大学生应学会在面对消极事件时进行良性反思，通过总结经验，吸取教训，参加有益的分心活动抗衡消极情绪的侵袭，打破消极思维和消极情绪的桎梏，迎接积极情绪的到来，促进人格成长。大学生要建立合理的认知方式和认知系统，通过个体自身主导建立合理的内部认知系统，可以形成乐观的认知风格，增加韧性，关注事物积极健康的一面，促进积极人格的形成和发展。

（三）增强自我决定性

自我决定性是个体对自己发展作出适当选择并加以坚持的人格特质。人的学习、创造、好奇等心理特性是自我决定的活动基础。患抑郁的大学生常常具有犹豫、决定困难等特点，增强其自我决定特性，学会对自己的决定负责任，有助于提升抑郁大学生的自信心、自控力、掌控力，从而缓解抑郁情绪。

（四）保持冷静的判断

保持冷静清醒的头脑有助于抑郁大学生在面对压力事件时不至于乱了方寸。人们在心理障碍或情绪低落状态下的行为自然是处处碰壁，得不偿失。面对困境时，积极的人格特质可以预防或消减这些不利因素，使自己能够正确地了解自己，保持清醒的头脑，冷静对待生活中的困难，扭转事情的不利局面。

（五）激发独特的思维

思维创新是积极心理学研究的一个重要内容，也是大学生综合素质提升的重要方面。思维创新能够帮助大学生塑造怀疑、批判、冒险的科学精神，保持自信，消除对不利环境的恐惧，继续拼搏，不放弃自己的理想和计划，从而提升和加强对抗抑郁的心理资本。

四、改善人际关系

人际关系是个体之间的直接交往关系。近年来，研究者们发现大学生的抑郁同人际关系障碍是相关的，人格心理学家们通过研究发现，易患抑郁症的个体有一种人际依赖性，即一种需要完全依靠重要人物的主动关心才能维持自己自尊的倾向。研究者们认为，依赖性是在早期生活中、在个体建立合适的、安全的人际关系上遇到障碍时发展起来的。由于这种依赖性，个体对人际安全感过分关注，主要依靠别人的爱和注意来维持自己脆弱的自尊。在没有外界支持的极端依赖而受到挫折时，其自我价值受到威胁、难以维持自己的积极情感以致抑郁。因此，大学生应主动与班上同学交往，不仅要与自己志趣相同的同学交往，也可与自己有不同志趣的人交往，发现不同的人有不同的优点，扩大人际交往范围。大学生应在真诚、平等、信任等基础上建立和发展各种人际关系，这里应当注意：

（1）要有强烈的社交意识，积极参加学校的各种交往活动，扩大自己的交友范围，以求广泛的社会性关注和社会性支持。从成为大学生的那一天起，与人相处的对象和特点就发生了根本的变化。在中学以前，我们与之相处的对象和含义比较狭窄，只是友谊或亲密关系的一种拓展，那时的人际关系也比较简单。然而，一旦成为大学生，我们就不能再仅凭个人好恶与人交往了，不仅要同自己喜欢的人交往，还要与自己不喜欢的人保持友好的关系。这就是说，大学生必须逐渐摆脱以自我为中心的思维方式，逐渐学会设身处地为别人着想，并在此基础上建立起独立协调的新的人际关系。

（2）加强自己的内在修养，尊重他人、关心他人，不自负、不自卑，诚实可信。一个品格好、能力强或具有某些特长的人更容易受到人们的喜爱，所以，若想要增强人际吸引力，更友好、更融洽地与他人相处，就应充分健全自己的品格，施展自己的才华，表现自己的特长，使自己的品格、能力、才华不断提高，增强人际吸引力。

（3）保持乐观、开朗的精神风貌、容忍克制、豁达大度，增强自己对挫折的心理承受力。

（4）扬长避短，充分体现自己的价值和发挥自己的潜力，以增强自信，克服各种悲观、消极的情绪。

五、提升自信心

自信心是治愈抑郁的良药。大学生提升自信心是帮助自己走出抑郁的重要途径。大学生可以从以下几方面来提升自己的自信心。

1. 发现自己的长处

发现自己的长处是自信的基础。但在不同的环境里，优点显露的机会并不均等。例如，有些学校注重文化课，成绩好的优点就易显露，而体育好的未必被人看重；换成体校，情况可能就恰好相反。因此，大学生在进行自我评价的时候，可以采用场景变换的方法，寻找"立体的我"，这样我们可能会意外地发现，自己原来有很多优点与长处。

2. 正视自卑

古人说，"知耻近乎勇"。我们可以说，"知卑近乎勇"。自卑是一种自我怜悯的心理反应，在正常人中也都不同程度地存在着，这不一定是病态心理，虽然是种不良体验，但能使人认识到自己的不足以及与别人的差距。人们认识到自己生理、心理或其他方面的不足，就会生发出改变现状的希望，从而导致对优越性的追求，这是一个人进步的动力。问题的关键在于以什么样的态度对待自卑，如能坦然面对现实，反而能够化消极为积极，绝地反击，获得人生转折的新的起点。

3. 学会自我接受，认识自我价值

"自我接受"是自信的主要内涵，其本身的意义是指一个人对自身能否有一种基本的承认、认可，以及自己对自己的接受程度。我们每个人都是一个独立而特殊的存在，认识自己的自我本性，并且接受自己作为一种独立而特殊个体的存在。唯有接受自己，才能相信和尊重自己，才能体会到自我存在的价值。"自我价值"或"自我价值感"是我们自己对自己的感觉、态度、认识和评价，与自我接受密切相关，同为自信的基本内涵。大学生们应当学会感谢自己这份独特的存在，感谢自己所持有的生命，正确分析评价自己的优点和缺点。

4. 相信自己行，大胆尝试，接受挑战

我们要在回忆过去成功的经历中体验信心。同时更要多做，力争把事情做成，从中受到更多的鼓舞。当然，在尝试中会有些失败和错误。但如果我们相信爱迪生所说的"没有失败，只有离成功更近一点儿"。那么，对于前进过程中的问题、困难乃至失败，就能看得淡一点儿并从容应对。把注意力集中到完成任务上，不断增强实力，而实力才是撑起信心的最重要支柱。

5. 练习当众发言

拿破仑·希尔指出，有很多思路敏锐、天资高的人，却无法发挥他们的长处参与讨论。并不是他们不想参与，而只是因为他们缺少信心。在会议中沉默寡言的人都认为："我的意见可能没有价值，如果说出来，别人可能会觉得很愚蠢，我最好什么也不说。而且其他人可能都比我懂得多，我并不想让你们知道我是这么无知。"这些人常常会对自己许下诺言：等下一次再发言。可是他们很清楚自己是无法实现这个诺言的。每次这些沉默寡言的人不发言时，他就又中了一次缺少信心的毒素了，他会愈来愈丧失自信。从积极的角度来看，如果尽量多发言，就会增加信心，下次也更容易发言，所以要多发言，这是信心的"维生素"。而且，不要最后才发言，要作破冰船，第一个打破沉默。也不要担心你会显得很愚蠢，总会有人同意你的见解。

6. 积极乐观地与人相处

自信心差的人往往看不起自己，同时也看不起别人，不能积极乐观地与人相处，这会妨碍正常的人际交往。自信心的培养应该改变这种不利的社会交往倾向和态度。若是用一种积极的、乐观的态度与人相处，多发现别人的长处，能够欣赏别人的优点，那就会在这样与人相处的情景、气氛和过程中

得到一种对自我的肯定，获得别人的接受和认同，从而在具体的生活中提高自信心。

7. 要不懈地努力

一个成功的人，仅有自信心和理想是不够的。英国作家、历史学家迪斯雷利曾经说过："成功的奥秘在于目标的坚定。"一个真正经得起失败打击的人不会因为成功在召唤时才努力。罗曼·罗兰说过："我不需要希望才行动，也不需要成功才坚持。"希望获得成功的人，他应自己一次又一次地去尝试。须知："然力足以至焉，于人为可讥，而在己为有悔；尽吾志也而不能至者，可以无悔矣，其孰能讥之乎？"只要你有自信、有理想、有不懈拼搏的精神，请相信，成功就在你脚下。相信每个人心中都在源源不断地创造力量，当心灵时时受到激励鼓舞，生命的花园就会绽放五彩缤纷的花朵，否则生命就会变成一片荒漠。

参考文献

一、著作类

[1] 陈海伟. 现代分子遗传学理论与发展研究 [M]. 北京：中国水利水电出版社，2014.

[2] 陈仲庚，张雨新. 人格心理学 [M]. 辽宁：辽宁人民出版社，1986.

[3] 傅安球. 实用心理异常诊断矫治手册 [M]. 上海：上海教育出版，2011.

[4] 黄希庭. 人格心理学 [M]. 杭州：浙江教育出版社，2002.

[5] 毛盛贤. 遗传学原理 [M]. 北京：科学出版社，2017.

[6] 孙汶生，曹英林，马春红. 基因工程学 [M]. 北京：科学出版社，2004.

[7] 闫桂琴，郜刚. 遗传学 [M]. 北京：科学出版社，2010.

[8] 张建民. 现代遗传学 [M]. 北京：化学工业出版社，2005.

[9] 赵寿元，乔守怡. 现代遗传学 [M]. 北京：高等教育出版社，2001.

二、期刊类

[1] 曹金霞，张新建，耿德勤，等. 5-羟色胺 2C 受体基因-759C/T 多态性与中国汉族脑卒中后抑郁的关系 [J]. 临床神经病学杂志，2010，23 (6)：414-416.

[2] 曹衍淼，王美萍，曹丛，等. 抑郁的多基因遗传基础 [J]. 心理科学进展，2016，24 (4)：525-535.

[3] 曹衍淼，王美萍，曹丛，等. 抑郁遗传基础的性别差异 [J]. 心理科学进展，2013，21 (9)：1605-1616.

［4］郭骁，明庆森，姚树桥 . 5-羟色胺转运体基因多态性与抑郁的关系研究进展［J］. 中国临床心理学杂志，2013，21（4）：532-534.

［5］刘文婧，许志星，邹泓 . 父母教养方式对青少年社会适应的影响：人格类型的调节作用［J］. 心理发展与教育，2012，28（6）：625-633.

［6］罗一君，孔繁昌，牛更枫，等 . 压力事件对初中生抑郁的影响：网络使用动机与网络使用强度的作用［J］. 心理发展与教育，2017，33（3）：337-344.

［7］蒙杰，位东涛，王康程，等 . 抑郁症的影像遗传学研究：探索基因与环境的交互作用［J］. 心理科学，2016，39（2）：490-496.

［8］牛更枫，郝恩河，孙晓军，等 . 负性生活事件对大学生抑郁的影响：应对方式的中介作用和性别的调节作用［J］. 中国临床心理学杂志，2013，21（6）：1022-1025.

［9］施杰，王建女，石银燕，等 . 青少年抑郁障碍人格与父母教养方式、家庭环境的相关性研究［J］. 中华全科医学，2016，14（12）：2083-2086.

［10］王美萍，张文新，陈欣银 . 5-HTR1A 基因 rs6295 多态性与父母教养行为对青少年早期抑郁的交互作用：不同易感性模型的验证［J］. 心理学报，2015，47（5）：600-610.

［11］伍新春，王文超，周宵，等 . 汶川地震 8.5 年后青少年身心状况研究［J］. 心理发展与教育，2018，34（1）：80-89.

［12］姚崇，游旭群，刘松，等 . 大学生生活事件与抑郁的关系：有调节的中介作用［J］. 心理科学，2019，42（4）：935-941.

［13］袁晓娇，方晓义，刘杨，等 . 流动儿童压力应对方式与抑郁感、社交焦虑的关系：一项追踪研究［J］. 心理发展与教育，2012，28（3）：283-291.

［14］张冉冉，夏凌翔，陈永 . 大学生人际自立特质与抑郁的关系：人际应对的中介作用［J］. 心理发展与教育，2014，30（2）：193-199.

［15］张文新，王美萍，曹丛 . 发展行为遗传学简介［J］. 心理科学进展，2012，20（9）：1329-1336.

［16］张月娟，阎克乐，王进礼 . 生活事件、负性自动思维及应对方式影响大学生抑郁的路径分析［J］. 心理发展与教育，2005（1）：96-99.

[17] 周雅，刘翔平，苏洋，等. 消极偏差还是积极缺乏：抑郁的积极心理学解释 [J]. 心理科学进展，2010，18（4）：590-597.

[18] ALIEV F，LATENDRESSE S J，BACANU S A，et al. Testing for measured gene-environment interaction：problems with the use of cross-product terms and a regression model reparameterization solution [J]. Behavior genetics，2014，44（2）：165-181.

[19] ANDREWS P W，LEE K R，FOX M，et al. Is serotonin an upper or a downer？ The evolution of the serotonergic system and its role in depression and the antidepressant response [J]. Neurosci biobehav Rev，2015，51：164-188.

[20] ARLOTH，JANINE，BOGDAN，et al. Genetic Differences in the immediate transcriptome response to stress predict risk-related brain function and psychiatric disorders [J]. Neuron，2015，86（5）：1189-1202.

[21] BUCHMANN A F，HELLWEG R，RIETSCHEL M，et al. BDNF Val 66 Met and 5-HTTLPR genotype moderate the impact of early psychosocial adversity on plasma brain-derived neurotrophic factor and depressive symptoms：a prospective study [J]. European neuropsychophar macology，2013，23（8）：902-909.

[22] BULIK-SULLIVAN B K，LOH P R，FINUCANE H K，et al. LD Score regression distinguishes confounding from polygenicity in genome-wide association studies [J]. Nature genetics，2015，47（3）：291-295.

[23] COIRO M J，BETTIS A H，Compas B E. College students coping with interpersonal stress：examining a control-based model of coping [J]. Journal of American college health，2017，65（3）：177-186.

[24] DISNER S G，BEEVERS C G，HAIGH E A，et al. Neural mechanisms of the cognitive model of depression [J]. Nature reviews neuroscience，2011，12（8）：467-477.

[25] FLINT J，KENDLER K. The genetics of major depression [J]. Neuron，2014，81（3）：484-503.

［26］ GAO Z, YUAN H, SUN M, et al. The association of serotonin transporter gene polymorphism and geriatric depression: a meta-analysis ［J］. Neuroscience letters, 2014, 578: 148-152.

［27］ IYER P A, DOUGALL A L, JENSEN-CAMPBELL1 L A. Are some adolescents differentially susceptible to the influence of bullying on depression? ［J］. Journal of research in personality, 2013, 47 (4): 272-281.

［28］ JANUAR V, SAFFERY R, RYAN J. Epigenetics and depressive disorders: a review of current progress and future directions ［J］. International journal of epidemiology, 2015, 44 (4): 1364-1387.

［29］ JASINSKA A J, LOWRY C A, BURMEISTER M. Serotonin transporter gene, stress, and raphe-raphe interactions: a molecular mechanism of depression ［J］. Trends in neurosciences, 2012, 35 (7): 395-402.

［30］ CHEN J, LI X, NATSUAKI M N, et al. Genetic and environmental influences on depressive symptoms in Chinese adolescents ［J］. Behavior genetics, 2014, 44 (1): 36-44.

［31］ KLEIN D N, KOTOV R, BUFFERD S J. Personality and Depression: explanatory models and review of the Evidence ［J］. Annual review of clinical psychology, 2011, 7 (1): 269-295.

［32］ KRAFT P, ASCHARD H. Finding the missing gene-environment interactions ［J］. European journal of epidemiology, 2015, 30 (5): 353-355.

［33］ LETOURNEAU N L, TRAMONTE L, WILLMS J D. Maternal depression, family functioning and children's longitudinal development ［J］. Journal of pediatric nursing, 2013, 28 (3): 223-234.

［34］ LIBERG B, ADLER M, JONSSON T, et al. The neural correlates of self-paced finger tapping in bipolar depression with motor retardation ［J］. Acta neuropsychiatrica, 2013, 25 (1): 43-51.

［35］ LUNG F W, TZENG D S, HUANG M F, et al. Association of the

MAOA promoter polymorphism with suicide attempts in patients with major depressive disorder [J]. Bmc medical genetics, 2011, 12, 74.

[36] LYNN M, ALMLI, et al. Correcting systematic inflation in genetic association tests that consider interaction effects: applicationto a genome-wide association study of posttraumatic stress disorder [J]. Jama psychiatry, 2014.

[37] MEYER-LINDENBERG A. The future of fMRI and genetics research [J]. Neuroimage, 2012, 62 (2): 1286-1292.

[38] MULLINS N, POWER R A, FISHER H L, et al. Polygenic interactions with environmental adversity in the aetiology of major depressive disorder [J]. Psychological medicine, 2016, 46 (4): 759-770.

[39] MUBLINER K L, SEIFUDDIN F, JUDY J A, et al. Polygenic risk, stressful life events and depressive symptoms in older adults: a polygenic score analysis [J]. Psychological medicine, 2015, 45 (8), 1709-1720.

[40] NANNI V, UHER R, DANESE A. Childhood maltreatment predicts unfavorable course of illness and treatment outcome in depression: a meta-analysis [J]. American journal of psychiatry, 2012, 169 (2): 141-151.

[41] PEARSON-FUHRHOP K M, DUNN E C, MORTERO S, et al. Dopamine genetic risk score predicts depressive symptoms in healthy adults and adults with depression [J]. Plos one, 2014, 9 (5): e93772.

[42] PEYROT W J, MILANESCHI Y, ABDELLAOUI A, et al. Effect of polygenic risk scores on depression in childhood trauma [J]. The British journal of psychiatry, 2014, 205 (2): 113-119.

[43] PHILLIPS A C, CARROLL D, DER G. Negative life events and symptoms of depression and anxiety: stress causation and/or stress generation [J]. Anxiety stress and coping, 2015, 28 (4): 357-371.

[44] PLOMIN R. Child development and molecular genetics: 14 Years

Later [J]. Child development，2013，84（1）：104-120.

[45] SAUL A，TAYLOR B，SIMPSON S，et al. Polymorphism in the serotonin transporter gene polymorphisms（5-HTTLPR）modifies the association between significant life events and depression in people with multiple sclerosis [J]. Multiple sclerosis journal，2019，25（6）：848-855.

[46] TUCKER C J，SHARP E H，VAN GUNDY K T，et al. Household chaos，hostile parenting，and adolescents' well-being two years later [J]. Journal of child & family studies，2018，27（11）：1-8.

[47] VRSHEK-SCHALLHORN S，STROUD C B，MINEKA S，et al. Additive genetic risk from five serotonin system polymorphisms interacts with interpersonal stress to predict depression [J]. Journal of abnormal psychology，2015，124（4）：776-790.

[48] WANG X L，DU M Y，CHEN T L，et al. Neural correlates during working memory processing in major depressive disorder：a meta-analysis of functional magnetic resonance imaging studies [J]. Progress in neuro-psychopharmacology and biological psychiatry，2014，56.

后　记

　　本书是笔者主持的全国教育科学"十二五"规划国家一般项目"大学生抑郁症易感性：社会心理因素与基因多态性的共同作用"的理论与实践的部分成果。这一成果是集体探索、共同研究的结晶，这一成果更是得到了前辈、同事和朋友们的指点与帮助。

　　衷心感谢我的导师方晓义教授、燕良轼教授和谢光荣教授，他们的精心指导和鼓励是我不断探索和前行的动力。

　　衷心感谢我的同事们，湖南师范大学的丁道群教授、詹林老师、王玉龙副教授、范兴华教授、王叶飞副教授，他们为课题的研究和本书的成功出版提供了大量的资料、宝贵建议甚至直接参与相关章节的撰写工作。

　　衷心感谢我的同行们，湖南省教育科学研究院的彭玮婧博士、杨敏研究员、长沙市教育科学研究院刘正华研究员和湖南工业职业技术学院胡蓉老师，他们为本研究提供了有效的研究资源，参与了部分研究，为课题的顺利开展和图书的成功出版贡献了智慧与力量。

　　衷心感谢我的学生们，我的博士研究生刘双金、曾子豪、杨琴、王宏才、孟莉、印利红、赵纤，我的硕士研究生何震、刘文成、吴桐、黄明辉、陈罗梦琪等，尤其是赵纤，他们不仅参与了部分章节的撰写工作，同时还做了大量的文献收集、书稿校对和文字整理等基础工作，为我减轻了很多负担与压力。

　　最后，还要衷心感谢我的家人，他们对我工作、学习和生活的无私关心、体谅与鼓励，让我能心无旁骛地完成这项庞大而复杂的工作！

胡义秋

2024 年 12 月于长沙